工程测量技能实训

新世纪高职高专教材编审委员会 组编

主　编　林长进　林志维

第二版

大连理工大学出版社

图书在版编目(CIP)数据

工程测量技能实训 / 林长进，林志维主编. -- 2 版. -- 大连：大连理工大学出版社，2021.4(2023.1重印)
ISBN 978-7-5685-2879-5

Ⅰ. ①工… Ⅱ. ①林… ②林… Ⅲ. ①工程测量－高等职业教育－教材 Ⅳ. ①TB22

中国版本图书馆 CIP 数据核字(2021)第 000405 号

大连理工大学出版社出版
地址：大连市软件园路 80 号　邮政编码：116023
发行：0411-84708842　邮购：0411-84708943　传真：0411-84701466
E-mail:dutp@dutp.cn　URL:https://www.dutp.cn
沈阳海世达印务有限公司印刷　　大连理工大学出版社发行

幅面尺寸：185mm×260mm　　印张：12.75　　字数：303 千字
2012 年 6 月第 1 版　　　　　　　　　　　2021 年 4 月第 2 版
2023 年 1 月第 3 次印刷

责任编辑：康云霞　　　　　　　　　责任校对：吴媛媛
　　　　　　　　封面设计：张　莹

ISBN 978-7-5685-2879-5　　　　　　　　定　价：35.00 元

本书如有印装质量问题，请与我社发行部联系更换。

前　言

本书是为配合高职高专教学改革,在对多家测绘、国土资源、土木工程施工单位进行调研,以及对多所高职高专院校的相关专业进行调研的基础上,探索、开发的与"工学结合"人才培养模式相适应的一本技能实训教材。

本书包括两部分内容:工程测量技能实训和工程测量技能测试。

第一部分是工程测量技能实训。其特色是以工作过程为导向,紧密结合工程测量生产实际,注重新技术的应用,具有较强的适应性、先进性。在简要介绍工程测量基本知识的基础上,重点解决"怎么做"的问题,融"教、学、做"于一体,"工、学"有机结合,突出学生工程测量能力的培养。

第二部分是工程测量技能测试。其特色是抛弃了传统的一支笔和一张纸的考评方式,构建了科学考评体系,科学设置了评价标准,把仿真的工作过程与考核过程深度融合,始终把敬业精神、团队协作、细节决定成败等职业素养贯穿于考评中,重点解决"能不能、会不会"的问题。

本书体现了以考促训、训考结合、重在能力等特色,形成了有机统一的体系。

针对土建类专业必修的工程测量课程,我们按照"实训教材与理论教学相配合,与工程施工过程实际操作技能要求相符"的原则进行编写,共划分了24个实训项目,可供相关专业学生在课间实训和集中性综合实训时选用。

本教材编写的各项技术指标遵照现行国家标准《工程测量规范》,名词术语遵照现行国家标准《工程测量基本术语标准》。

本书可在初、中、高级测量工技能培训与测试考核中作为测量等级考核的重要辅导与参考资料直接使用;还可以作为相关专业《工程测量》教材的配套教材或参考用书,指导学生加强测量技能的训练,巩固所学测量知识,培养学生独立思考问题和实践动手能力及应用能力;也可作为教材

单独使用，有利于全面实施项目教学法；同时还可以作为工程技术人员的自学参考用书。

本书由漳州职业技术学院林长进、林志维担任主编。在编写过程中，我们得到了学院有关领导和许多教师的大力支持，在此表示感谢！另外，我们还参考、引用和改编了国内外出版物中的相关资料以及网络资源，在此对这些资料的作者表示诚挚的谢意。请相关著作权人看到本教材后与出版社联系，出版社将按照相关法律的规定支付稿酬。

由于编者水平有限，书中仍可能存在错误和疏漏之处，恳请使用本教材的广大读者批评指正，并将意见和建议及时反馈给我们，以便修订时完善。

编　者
2021 年 3 月

所有意见和建议请发往：dutpgz@163.com
欢迎访问职教数字化服务平台：https://www.dutp.cn/sve/
联系电话：0411-84707424　84708979

目 录

第一部分　工程测量技能实训

工程测量技能实训须知 ·· 3
技能实训一　　普通水准测量 ·· 6
技能实训二　　DS₃微倾式水准仪的检验与校正 ·································· 13
技能实训三　　经纬仪测回法观测水平角 ·· 19
技能实训四　　全圆方向观测法测量水平角 ·· 24
技能实训五　　竖直角测量及竖盘指标差检验 ···································· 28
技能实训六　　DJ₆光学经纬仪的检验与校正 ······································ 32
技能实训七　　全站仪的使用 ·· 38
技能实训八　　钢尺量距和视距测量 ·· 41
技能实训九　　罗盘仪定向与导线坐标方位角的推算 ·························· 45
技能实训十　　GPS接收机静态观测 ·· 48
技能实训十一　　四等水准测量 ·· 50
技能实训十二　　小区平面控制测量 ·· 54
技能实训十三　　经纬仪测绘地形图 ·· 58
技能实训十四　　全站仪测绘大比例尺数字地形图（选做） ················ 62
技能实训十五　　土方量的测量与计算 ·· 69
技能实训十六　　设计高程的测设 ·· 72
技能实训十七　　已知水平距离的测设 ·· 75
技能实训十八　　已知水平角的测设 ·· 77
技能实训十九　　全站仪坐标测量和放样 ·· 79
技能实训二十　　建筑物点的平面位置的测设 ···································· 83
技能实训二十一　　建筑物定位与放线 ·· 86
技能实训二十二　　圆曲线主点测设 ·· 90
技能实训二十三　　单圆曲线偏角法详细测设 ···································· 93
技能实训二十四　　路线纵、横断面测量 ·· 96

第二部分 工程测量技能测试

工程测量技能测试概述		103
技能测试一	普通水准测量	106
技能测试二	DS$_3$ 微倾式水准仪的检验与校正	110
技能测试三	经纬仪测回法观测水平角	114
技能测试四	全圆方向观测法测量水平角	117
技能测试五	竖直角测量及竖盘指标差检验	121
技能测试六	DJ$_6$ 光学经纬仪的检验与校正	124
技能测试七	全站仪的使用	130
技能测试八	钢尺量距和视距测量	135
技能测试九	罗盘仪定向与导线坐标方位角的推算	138
技能测试十	GPS 接收机静态观测	141
技能测试十一	四等水准测量	145
技能测试十二	小区平面控制测量	149
技能测试十三	经纬仪测绘地形图	153
技能测试十四	全站仪测绘大比例尺数字地形图(选做)	157
技能测试十五	土方量的测量与计算	160
技能测试十六	设计高程的测设	163
技能测试十七	已知水平距离的测设	166
技能测试十八	已知水平角的测设	169
技能测试十九	全站仪坐标测量和放样	172
技能实训二十	建筑物点的平面位置的测设	176
技能实训二十一	建筑物定位与放线	179
技能实训二十二	圆曲线主点测设	182
技能实训二十三	单圆曲线偏角法详细测设	186
技能实训二十四	路线纵、横断面测量	189
参考文献		194
附　　录		195

第一部分

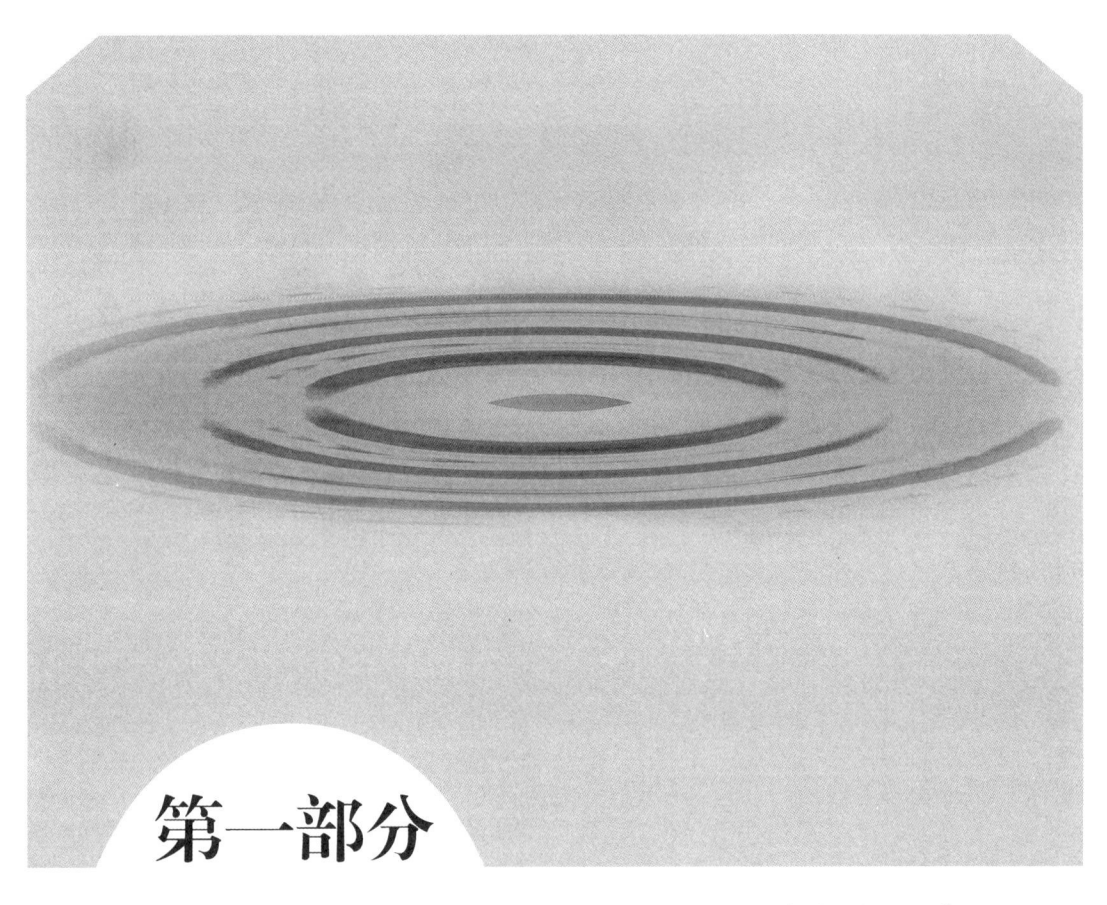

工程测量技能实训

工程测量技能实训须知

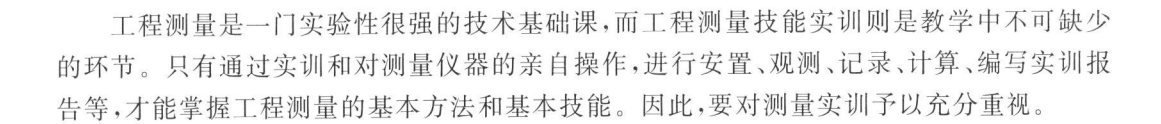

工程测量是一门实验性很强的技术基础课,而工程测量技能实训则是教学中不可缺少的环节。只有通过实训和对测量仪器的亲自操作,进行安置、观测、记录、计算、编写实训报告等,才能掌握工程测量的基本方法和基本技能。因此,要对测量实训予以充分重视。

一、测量实训的一般规定

(1)实训前,必须阅读《测量学》和《工程测量》有关章节相应的实训项目。实训时,需携带《工程测量技能实训》,便于参照、记录有关数据和计算。

(2)实训分小组进行,组长负责组织和协调实训工作,办理所用仪器、工具的借领和归还手续。凭组长或组员的学生证借用仪器、工具。

(3)实训应在规定时间内进行,不得无故缺席或迟到、早退;应在指定的场地进行,不得擅自改变场地。

(4)必须遵守实验室的"测量仪器、工具的借用规则"。听从教师的指导,严格按照实训要求,认真、按时、独立完成任务。

(5)测量记录应用正楷书写,不可字迹潦草,并在规定表格中用2H或3H铅笔填写。

(6)记录者听取观测者报出仪器读数后,应向观测者回报读数,以免记错。

(7)若发现记录数字有错误,不得涂改,也不得用橡皮擦拭,而应该用细横线划去错误数字,在原数字上方写出正确数字,并在备注栏内说明原因。

(8)若第一测回或整站观测结果不合格(观测误差超限),则用斜细线划去该栏记录数字,并在备注栏内说明原因。

(9)每测站观测结束后,应现场做必要的计算,并进行必要的结果检核,以决定观测结果是否合格,是否需要进行重测(返工)。应当场写的实验报告应当场完成。

(10)实验结束时,应把观测记录和实验报告交指导教师审阅。经教师认可后,方可收拾仪器和工具,做必要的清洁工作,向实验室归还仪器和工具,结束实验。

二、测量仪器的使用规则和注意事项

测量仪器属于贵重设备,尤其是目前在向精密光学、机械化、电子化方向发展而使其功能日益强大的同时,其价格也更为昂贵。对测量仪器的正确使用、精心爱护和科学保养,是从事测量工作的人员必须具备的素质和应该掌握的技能,也是保证测量结果质量、提高测量工作效率、发挥仪器性能和延长其使用年限的必要条件。为此,特制订下列测量仪器使用规则和注意事项,在测量实验中应严格遵守和参照执行。

1. 仪器、工具的借用

(1)以实训小组为单位借用测量仪器和工具,按小组编号在指定地点向实验室人员办理借用手续。

(2)借用时,按本次实训所需的仪器和工具清单当场清点,检查实物与清单是否相符,器件是否完好,确认无误后领出。

(3)搬运前,应检查仪器箱是否锁好;搬运时,应轻取轻放,避免剧烈振动和碰撞。

(4)实训结束后,应及时收装仪器和工具,清除接触土地的部件(三脚架、尺垫等)上的泥土,送还到借用处以便检查验收。如有遗失或损坏,应写书面报告说明情况,进行登记,并按有关规定赔偿。

2. 仪器的安装

(1)先将仪器的三脚架在地面安置稳妥。三脚架必须与地面点大致对中,架头大致水平。若为泥土地面,则应将脚尖踩入土中;若为坚实地面,则应防止脚尖滑动,然后开箱取出仪器。从箱中取出仪器前,应看清仪器在箱中的正确安放位置,以避免装箱时遇到困难。

(2)取出仪器时,应先松开制动螺旋,用双手握住支架或基座,轻轻安放到三脚架头上,一手握住仪器,一手拧连接螺旋,直至拧紧连接螺旋,使仪器与三脚架连接牢固。

(3)安装好仪器后,随即关闭仪器箱盖,防止灰尘等进入。严禁坐在仪器箱上。

3. 仪器的使用

(1)仪器安装在三脚架上之后,不论是否在观测,必须有人守护,禁止无关人员拨弄,避免被路过的行人和车辆碰撞。

(2)仪器镜头上的灰尘,应该用仪器箱中的软毛刷拂去或用镜头纸轻轻擦去,严禁用手指或手帕等擦拭,以免损坏镜头上的药膜。观测结束后,应及时套上物镜盖。

(3)在阳光下观测,应撑伞防晒,雨天应禁止观测。对于电子测量仪器,在任何情况下,均应撑伞防护。

(4)转动仪器时,应先松开制动螺旋,然后平稳转动;使用微动螺旋时,应先旋紧制动螺旋(但不可拧得过紧),微动螺旋不要旋到顶端,即使用中间的那段螺纹。

(5)仪器在使用中发生故障时,应及时向指导教师报告,不得擅自处理。

4. 仪器的搬迁

(1)在行走不便的地段搬迁测站或远距离迁站时,必须将仪器装箱后再搬。

(2)在行走方便的地段搬迁测站或近距离迁站时,可以将仪器连同三脚架一起搬迁。先检查连接螺旋是否拧紧,松开各制动螺旋。如为经纬仪,则将望远镜物镜向着度盘中心,均匀收拢各三脚架架腿,左手托住仪器的支架或基座,右手抱住三脚架,稳步行走。严禁斜扛仪器于肩上进行搬迁。

(3)迁站时,应带走仪器所有附件和工具,防止遗失。

5. 仪器的装箱

(1)仪器使用完毕,应清除仪器上的灰尘,套上物镜盖,松开各制动螺旋,将脚螺旋调至中段。一手握住仪器支架或基座,一手旋松连接螺旋使仪器与三脚架脱离,双手从三脚架架头上取下仪器。

(2)将仪器放入箱内,使其正确就位,试关箱盖,确认放妥(若箱盖合不上,则说明仪器未放置正确,应重放,切不可强压箱盖,以免损伤仪器)后,再拧紧仪器各制动螺旋,然后关箱、搭扣、上锁。

(3)清除箱外的灰尘和三脚架脚尖上的泥土。

(4)清点仪器附件和工具。

6. 测量工具的使用

(1)使用钢尺时,应使尺面平铺地面,防止扭转、打圈,防止行人踩踏或车轮碾压,尽量避免尺身沾水。量好一尺段再向前量时,必须将尺身提起离地,携尺前进时,不得沿地面拖尺,以免磨损尺面刻度甚至折断钢尺。钢尺用毕,应将其擦净并涂油防锈。

(2)皮尺的使用方法与钢尺的使用方法基本相同,但量距时使用的拉力应小于使用钢尺时的拉力,皮尺沾水的危害更甚于钢尺,皮尺如果受潮,应晾干后再卷入盒内,卷皮尺时,切忌扭转卷入。

(3)使用水准尺和标杆时,应注意防止受横向压力,防止竖立时水准尺或标杆倒下,防止尺面分划受磨损。更不能的标杆作为棍棒使用。

(4)小件工具(如垂球、测钎、尺垫等)用完即收,防止遗失。

三、测量记录与计算规则

1. 所有观测结果均要使用硬性铅笔(2H或3H)记录,同时熟悉表上各项内容及填写、计算方法。记录观测数据之前,应将仪器型号、日期、天气、测站、观测者及记录者姓名等填写齐全。

2. 观测者读数后,记录者应随即在测量手簿上的相应栏内填写,并复诵回报观测者,以防听错、记错。不得事后转抄。

3. 记录时要求字迹端正清晰,大小占格宽的一半左右,并留出空隙做修改用。

4. 数据精确,不能省略零位。如水准尺读数1.300,度盘读数中的"0"均应填写。

5. 水平角观测时,秒值读记错误应重新观测,度、分读记错误可在现场更正,但同一方向盘左、盘右不得同时更改相关数字。竖直角观测中分的读数,在各测回中不得连环更改。

6. 距离测量和水准测量中,厘米及以下数值不得更改,米和分米的读记错误,在同一距离、同一高差的往、返测量或两次测量中的相关数字不得连环更改。

7. 更正错误,均应将错误数字、文字整齐划去,在上方另记正确数字和文字。划改的数字和超限划去的结果,均应注明原因和重测结果的所在页码。

8. 按四舍六入、五前单进双不进(或称奇进偶不进)的取数规则进行计算。如数据1.123 5和1.124 5进位后均为1.124。

技能实训一
普通水准测量

一、目的要求

1. 水准仪的认识与使用;掌握等外水准测量的观测、记录、计算和检核的方法;
2. 掌握水准测量的闭合差调整及推求待定点高程的方法。

二、实训准备

DS₃ 微倾式水准仪(含三脚架)、水准尺、尺垫、测伞、记录板等。

三、实训内容与步骤

(一)水准仪的认识与使用

1. 安置仪器

张开三脚架,调节三脚架固定螺旋,使架头大致水平,高度适中,将三脚架稳固(踩实),然后用连接螺旋将水准仪固定在三脚架上。

2. 了解水准仪各部件的功能及使用方法

如图 1-1 所示为 DS₃ 微倾式水准仪,在了解水准仪各部件名称和作用的基础上,完成以下操作:

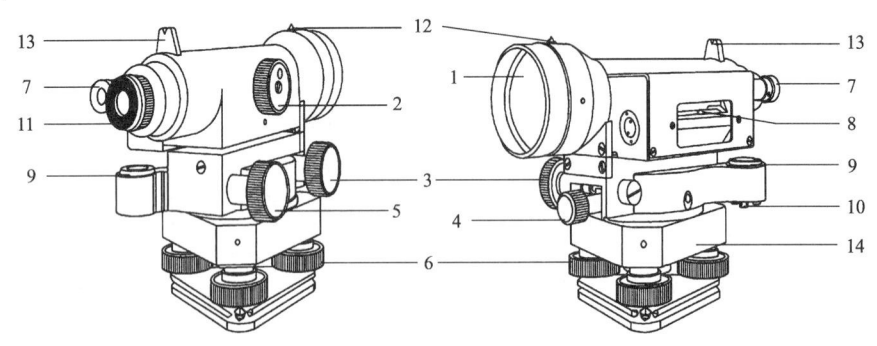

图 1-1 DS₃ 微倾式水准仪

1—物镜;2—物镜调焦螺旋;3—微动螺旋;4—制动螺旋;5—微倾螺旋;6—脚螺旋;7—水准管气泡观察窗;8—管水准器;9—圆水准器;10—圆水准器校正螺丝;11—目镜;12—准星;13—照门;14—基座

(1)调节目镜,使十字丝清晰;旋转物镜调焦螺旋,使物像清晰。
(2)转动脚螺旋使圆水准器气泡居中(粗平);转动微倾螺旋使水准管气泡居中(精平)。
(3)用准星和照门来粗略找准目标;旋紧制动螺旋,转动微动螺旋来精确照准目标。

3. 粗平练习

转动脚螺旋使圆水准器气泡居中,称为粗平。粗平的操作步骤:先用两手按箭头所指的相对方向转动脚螺旋1和2,使气泡沿1、2连线方向由 a 移至 b(图1-2(a)),再按箭头所指方向转动脚螺旋3,使气泡由 b 移至圆水准器中心(图1-2(b))。一般需操作2或3次即可粗平仪器。操作熟练后,可一起转动三只脚螺旋,使气泡更快地进入圆圈中心。粗平时,气泡移动方向始终与左手大拇指移动方向一致。

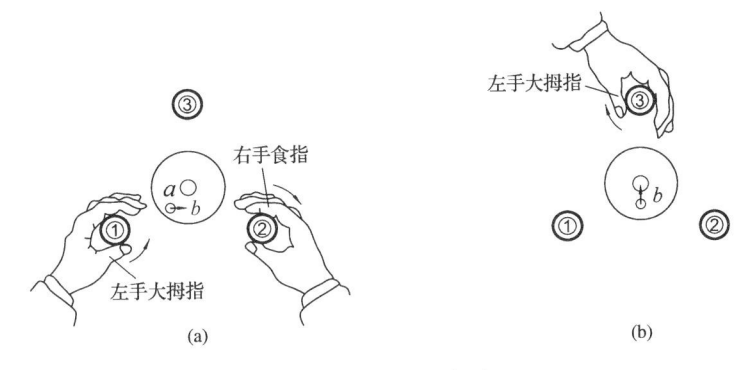

图1-2 圆水准器粗平

4. 精平与读数练习

粗平仪器后,用准星和缺口瞄准水准尺,旋转制动螺旋。分别调节目镜和物镜调焦螺旋,使十字丝和物像均清晰。此时,物像已投影到十字丝平面上,视差已完全消除(注意:掌握消除视差的方法)。转动微动螺旋,使十字丝纵丝对准尺面。

转动微倾螺旋,使附合水准器两侧半边气泡影像严密吻合(注意:微倾螺旋旋转方向与左侧半边气泡影像的移动方向一致),然后立即用十字丝中丝在水准尺上读数。如图1-3所示,读出米数、分米数和厘米数,并估读到毫米,记下四位读数。

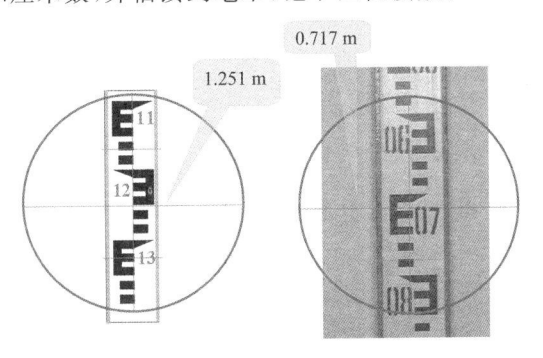

图1-3 瞄准水准尺读数

5. 高差测量练习

(1)在仪器前、后距离大致相等处各立一根水准尺,分别读出中丝所截取的尺面读数,记录并计算两点间的高差。

(2)不移动水准尺,改变水准仪的高度,再测两点间的高差,两次测量的两点间的高差之差不应大于 5 mm。

6.注意事项

(1)读取中丝读数前应消除视差,水准管气泡必须严格居中。

(2)微动螺旋和微倾螺旋应保持在中间运行,不要旋到极限。

(3)观测者的身体各部位不得接触三脚架。

(二)普通水准测量的外业

以闭合水准为例,闭合水准测量的布设方法:从已知高程的水准点 BM 出发,沿各待定高程的水准点 1、2、3、4…进行水准测量,最后又回到原出发点 BM 的环形路线,称为闭合水准路线,如图 1-4 所示。施测完毕后,计算高差闭合差和高差闭合差的允许值。若高差闭合差在允许范围之内,则对闭合差进行调整,算出各测站改正后的高差;若闭合差超限,则应返工重测。

1.实训要求

(1)在实验地点,每组选择一个水准点开始测量。

(2)实验结束时提交记录、计算结果。

(3)水准仪要安置在距离前、后视点大致相等处(可以在仪器整平前直接读取前、后视距进行调整),用中丝读取水准尺上的读数并精确至毫米。

2.基本操作步骤

水准仪的基本操作步骤:安置仪器与粗平、调焦与照准、精平与读数。

3.施测过程

(1)例:安置水准仪于水准点 BM 与转点 TP_1 大约等距离处,在水准点 BM 上立尺,读取后视读数 a_1 为 0.982 m,在转点 TP_1 上立尺,读取前视读数 b_1 为 1.554 m,记入手簿,见表 1-1,计算高差 $h_1 = a_1 - b_1 = 0.982 - 1.554 = -0.572$ m。

表 1-1 水准测量手簿

测站点	测点	水准尺读数/m 后视 a	水准尺读数/m 前视 b	高差 h/m +	高差 h/m −	高程/m	备注
1	BM	0.982	——	——	——	50.000	起点高程设为 50.000 m
2	TP_1	0.814	1.554		0.572	49.428	
3	TP_2	0.744	1.034		0.220	49.208	
4	TP_3	1.920	1.821		1.077	48.131	
	BM	——	0.055	1.865		49.996	
∑		4.460	4.464	1.865	1.869		
计算校核		$\sum a - \sum b = -0.004$ m		$\sum h = -0.004$ m			

(2)安置水准仪于转点 TP_1 和转点 TP_2 大约等距离处,在转点 TP_1 上立尺,读取后视读数 a_2,在转点 TP_2 上立尺,读取前视读数 b_2,记入手簿,并计算高差 $h_2=a_2-b_2$。

(3)同法继续进行,经过待定点后返回原水准点。

(4)计算检核:

$$后视读数总和-前视读数总和=高差代数和$$

(5)内业成果计算。

4.技术规定

(1)视线长度不超过 100 m,前、后视距应大致相等;

(2)限差要求

平地公式:$f_{h允}\leqslant\pm 40\sqrt{L}$ mm 或山地公式:$f_{h允}\leqslant\pm 12\sqrt{n}$ mm

式中　L——水准路线长度,km;

　　　n——测站数。

原则上当 $\sum n/\sum L>15$ 时,用山地公式。

5.注意事项

(1)在水准点上不能放置尺垫。

(2)每次读数前水准管气泡要严格居中。

(3)用中丝读数,不要读成上、下丝的读数,读数前要消除视差。

(4)后视转前视时,不得再调节脚螺旋,以免改变视线高度。

(5)后视尺垫在水准仪搬动前不得移动。仪器迁站时,前视尺垫不能移动。

(6)水准尺必须扶直,不得前后、左右倾斜。

(三)水准测量成果计算

1.见表 1-2,以附合水准路线测量成果计算为例

将点名、测段距离、实测高差及高程等填入附合水准路线成果计算表。

表 1-2　　　　　　　　　附合水准路线成果计算表

测段编号	点名	测段距离/km	实测高差/m	改正数/mm	改正后高差/m	高程/m	备注
1	2	3	4	5	6	7	8
1	BM_A	1.0	+1.565	−10	+1.555	165.376	已知
2	1	1.2	+2.036	−12	+2.024	166.931	
3	2	1.4	−1.742	−14	−1.756	168.955	
4	3	2.2	+1.446	−22	+1.424	167.199	
$\sum$	BM_B	5.8	+3.305	−58	+3.247	168.623	
辅助计算	\multicolumn{7}{l	}{$f_h=\sum h-(H_B-H_A)=0.058$ m $=58$ mm;$f_{h容}=\pm 40\sqrt{L}=\pm 96$ mm $\|f_h\|<\|f_{h容}\|$,精度符合要求 $\sum V=-58$ mm,$H_B-H_A=+3.247$ m}

2. 精度评定

对于附合水准测量，$\sum h_{\text{理}} = H_B - H_A$，实测各测段高差代数和 $\sum h_{\text{测}}$ 与 $\sum h_{\text{理}}$ 之差，称为附合水准路线高差闭合差 f_h，即

$$f_h = \sum h_{\text{测}} - (H_B - H_A)$$

本例中，高差闭合差为

$$f_h = \sum h_{\text{测}} - (H_B - H_A) = 3.305 - (168.623 - 165.376) = 0.058 \text{ m} = 58 \text{ mm}$$

计算高差闭合差的容许值

$$f_{h\text{容}} = \pm 40\sqrt{L} = \pm 40\sqrt{5.8} = \pm 96 \text{ mm}$$

因为 $|f_h| < |f_{h\text{容}}|$，显然精度符合要求。（如果 $|f_h| > |f_{h\text{容}}|$，说明观测成果不符合要求，需重新测量。）

3. 调整高差闭合差

高差闭合差调整的原则和方法是按与测段距离或测站数成正比的原则，反号分配到实测高差中，即

$$V_i = -f_h \times L_i / \sum L \quad \text{或} \quad V_i = -f_h \times n_i / \sum n$$

式中　　V_i——第 i 段的高差改正数；

$\sum L$、$\sum n$——水准路线总长度与测站总数；

L_i、n_i——第 i 段的水准路线长与测站数。

本例中，各测段改正数为

$$V_1 = -f_h \times L_1 / \sum L = -58/5.8 \times 1.0 = -10 \text{ mm}$$

$$V_2 = -f_h \times L_2 / \sum L = -58/5.8 \times 1.2 = -12 \text{ mm}$$

$$\vdots$$

计算检核：$\sum V = -f_h = -58 \text{ mm}$，计算无误。

4. 计算改正后高差

$$h_{i\text{改}} = h_{i\text{测}} + V_i$$

本例中，各测段改正后的高差为

$$h_{1\text{改}} = h_{1\text{测}} + V_1 = 1.555 \text{ m}$$

$$h_{2\text{改}} = h_{2\text{测}} + V_2 = 2.024 \text{ m}$$

$$\vdots$$

计算检核：$\sum h_{i\text{改}} = H_B - H_A = +3.247 \text{ m}$，计算无误。

5. 计算各点高程

根据起点高程和各测段改正后高差，依次推算各点高程，即

$$H_1 = H_A + h_{1\text{改}} = 166.931 \text{ m}$$

$$H_2 = H_1 + h_{2\text{改}} = 168.955 \text{ m}$$

$$\vdots$$

计算检核：$H_{B(\text{推算})} = H_{B(\text{已知})} = 168.623 \text{ m}$，计算无误。

闭合水准测量成果和附合水准测量成果计算方法与步骤基本相同，只有形式上的两点

不同,归纳如下:

(1) $f_h = \sum h_{测}$。

(2) 计算检核:若 $\sum h_{改} = 0$,则计算无误;若 $H_{A(推算)} = H_{A(已知)}$,则计算无误。

四、实训报告

根据水准测量观测数据,填写表1-3,计算结果并提交实训报告。

表1-3 　　　　　　　　　　　普通水准测量记录表

日期:_____　　天气:_____　　仪器型号:_____
观测者:_____　　记录者:_____　　立尺者:_____

| 测站点 | 水准尺读数/m || 高差 h/m || 高程/m | 备注 |
	后视 a	前视 b	+	-		
						起点高程设为 20.000 m
$\sum$						
计算检核	$\sum a - \sum b =$		$\sum h =$			

思考与训练

1. 绘图说明水准测量的基本原理。

2. 何为视差?其产生的原因是什么?如何消除?

3. 说明以下螺旋的作用:
(1)脚螺旋　(2)物镜调焦螺旋　(3)微倾螺旋

4. 水准仪上的圆水准器和管水准器各起什么作用?

5. 使用微倾式水准仪在读数之前是否每次都要将管水准器居中?为什么?

6. 何为转点?在选择转点时应注意什么问题?尺垫的作用是什么?什么叫中间点?测量中为什么使用中间点?在什么情况下使用?

7. 照准目标后,从水准尺上读数需完成哪些操作步骤?按操作的先后次序回答。

8. 何为水准路线？绘图说明其布设形式。为什么在水准测量中必须布设一定形式的水准路线？

9. 在水准测量中，为什么要求前、后视距不能超限？

10. 说明水准测量成果计算中调整高差闭合差的原则和方法。

11. 水准仪在测站上整平后，先读取后视读数，然后由后视转到前视，发现圆水准器气泡偏离中心，此时应如何处理？

12. 如图 1-4 所示为闭合水准路线，施测结果已在图中注明，试进行内业成果计算。

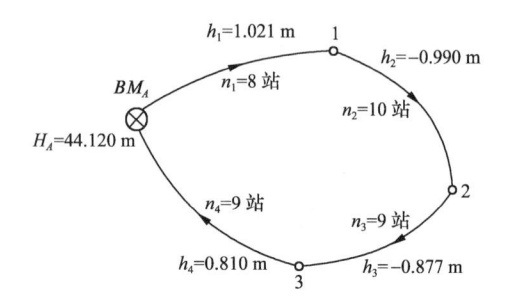

图中标注：
BM_A，H_A=44.120 m
h_1=1.021 m，n_1=8 站
h_2=−0.990 m，n_2=10 站
h_3=−0.877 m，n_3=9 站
h_4=0.810 m，n_4=9 站

图 1-4 闭合水准路线

13. 在一个测站上，若未观测完，而仪器碰动了，怎么办？若前视点尺垫移动，怎么办？

技能实训二
DS₃微倾式水准仪的检验与校正

一、目的要求

1. 了解水准仪的构造、原理。
2. 掌握水准仪的主要轴线及它们之间应满足的几何条件。
3. 掌握水准仪的检验和校正方法。

二、实训准备

DS₃微倾式水准仪(含三脚架)、水准尺、尺垫、测伞、记录板等。

三、实训内容与步骤

(一)应知知识

1. 水准仪的四条主要轴线

望远镜视准轴 CC、水准管轴 LL、圆水准器轴 $L'L'$ 和仪器竖轴 VV,如图 2-1 所示。

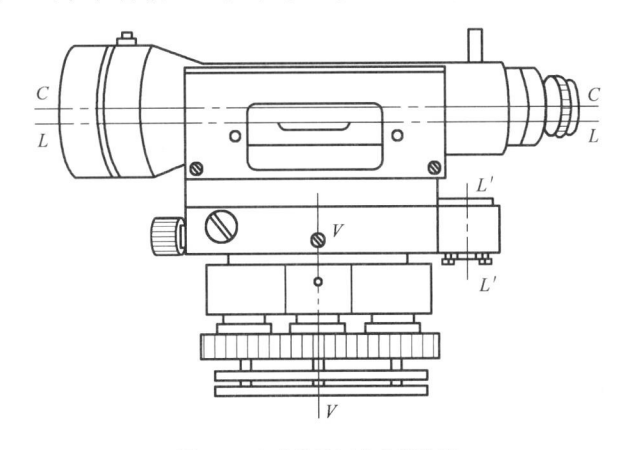

图 2-1　水准仪的四条主要轴线

2. 水准仪的四条主要轴线应满足的几何条件
(1) $CC /\!/ LL$
(2) $L'L' /\!/ VV$
(3) 十字丝横丝 $\perp VV$

(二) 水准仪的检验与校正

一般检查按测试报告所列项目进行。

1. 圆水准器的检验与校正

(1) 检验方法

①将仪器置于三脚架上,踩紧三脚架,转动脚螺旋使圆水准器气泡严格居中;

②仪器旋转180°,若气泡偏离中心位置,则说明圆水准器轴与仪器竖轴相互不平行,需要校正。

(2) 校正方法

①稍微松动圆水准器底部中央的螺丝;

②用校正针拨动圆水准器校正螺丝,使气泡返回偏离中心的一半;

③转动脚螺旋使气泡严格居中;

④圆水准器装置如图2-2所示。此项校正需反复进行,直到仪器旋转至任何位置时,圆水准器气泡都居中为止,然后将螺丝拧紧。

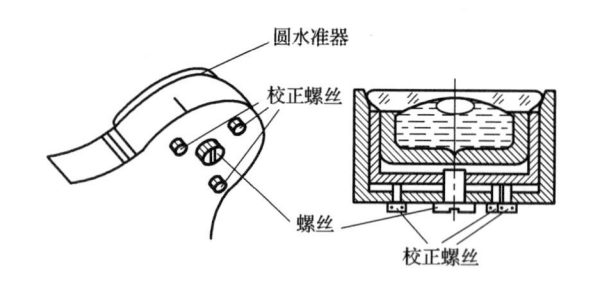

图 2-2 圆水准器的检验与校正

2. 十字丝的检验与校正

(1) 检验方法

仪器整平后,用十字丝交点对准远处目标,拧紧制动螺旋。转动微动螺旋,如果目标点始终在横丝上做相对移动,如图2-3中的(a)、(b)所示,说明十字丝横丝垂直于仪器竖轴;如果目标偏离横丝,如图2-3中的(c)、(d)所示,则说明十字丝横丝不垂直于仪器竖轴,应进行校正。

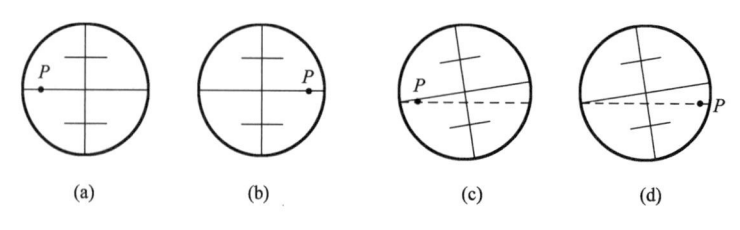

图 2-3 十字丝横丝的检验

(2)校正方法

旋下目镜护套,松开四个十字丝压环螺丝,如图2-4所示,按十字丝倾斜方向的反方向微微转动十字丝分划板座,直至目标点 P 的移动轨迹与中丝重合,再拧紧固定螺丝,盖好护罩。此项校正也需反复进行。

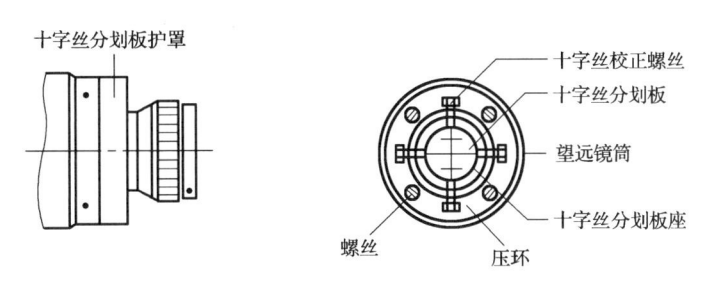

图2-4 十字丝的校正装置

3. 水准管轴的检验与校正

(1)检验方法

水准管轴的检验有中间法和对称法,下面着重介绍中间法,记录表格见表2-1和表2-2。

①如图2-5所示,在平坦地面上,选择相距80～100 m的两点 A 和 B,分别在两点上放上尺垫,踩紧并立上水准尺,将仪器严格置于 A、B 两点中间,采用两次测量的方法(即双仪器高法),取平均值得出 A、B 两点的正确高差 h_{AB}(注意两次高差之差 $\leqslant \pm 3$ mm)。

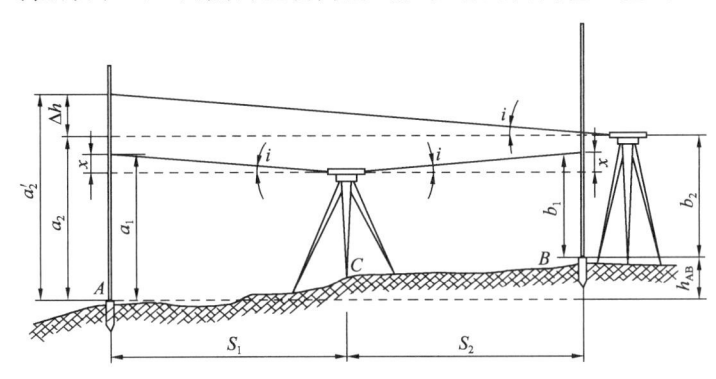

图2-5 水准管轴的检验

②将仪器搬至 B 点附近约3 m处重新安置,读取 B 尺读数 b_2,计算 $a_2 = b_2 + h_{AB}$,如 A 尺读数 a_2' 与 a_2 不符,则表明存在误差,其误差为

$$i = |a_2 - a_2'| \times \rho'' / D_{AB}$$

对于 DS_3 微倾式水准仪,当 $i > 20''$ 时,应校正。

(2)校正方法(图2-6)

仪器在原位置不动,转动微倾螺旋,使读数 a_2' 为 a_2;这时水准管气泡不居中,用校正针拨动水准管的左、右固定螺丝;然后拨动上、下校正螺丝,一松一紧,升降水准管的一端,使水准管气泡居中,直至符合要求;最后拧紧校正螺丝。

(a)　　　　　　　　　　　　　　(b)

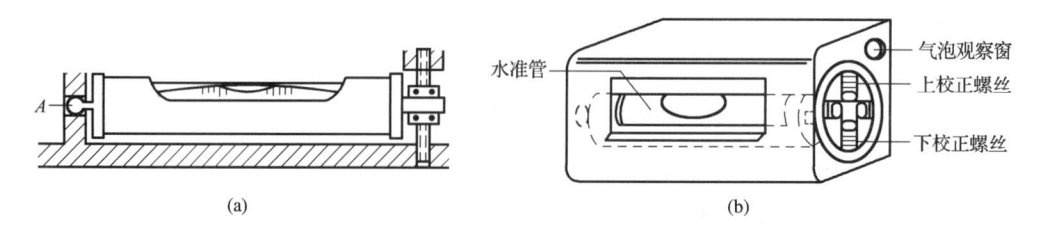

图 2-6　水准管校正方法

四、注意事项

1. 必须按规定的顺序进行检验和校正，不得颠倒。
2. 拨动校正螺丝时，应先松后紧，用力不宜过大；校正结束后，校正螺丝不能松动，应处于稍紧状态。
3. 拨动圆水准器校正螺丝前应先松开螺丝，校正后再拧紧该螺丝。
4. 检验与校正需反复交替进行，直到符合要求。

五、实训报告

根据 DS_2 微倾式水准仪的检校数据，填写表 2-1、表 2-2，计算结果并提交实训报告。

表 2-1　　　　　　　　　　　中间法检校记录表

日期：_____　　　天气：_____　　　仪器型号：_____
观测者：_____　　记录者：_____　　立尺者：_____

仪器位置	立尺点	水准尺读数/m 黑面	水准尺读数/m 红面	$(k+黑-红)$/m	高差/m	计算
在立尺点中间位置	A					$S_{AB}=$ $i=$
	B					
在距某立尺点较近的位置	A					A 点尺正确读数 =
	B					

观测者：　　　　　　　　　　　　　　　记录者：

表 2-2　　　　　　　　　　　对称法检校记录表

仪器位置	立尺点	水准尺读数/m 黑面	水准尺读数/m 红面	$(k+黑-红)$/m	高差/m	计算
A	B					$S_{AB}=$ $i=$
	C					
D	B					B 点尺正确读数 =
	C					

观测者：　　　　　　　　　　　　　　　记录者：

思考与训练

1. 水准仪有哪些主要轴线？各轴线之间应满足什么几何条件？其中哪个是主要条件？为什么？
2. 水准仪提供水准视线的充要条件是什么？
3. 水准测量时，水准管气泡已严格居中，视线一定水平吗？为什么？
4. 经过检验，如果水准管轴平行于仪器的竖轴，那么，是否只要圆水准器气泡居中，竖轴就一定处于铅垂位置？此时，望远镜视准轴处于水平位置吗？
5. 水准仪检验、校正时，若将水准仪搬向 A 尺，计算 B 尺正确读数的公式是什么？
6. 水准仪的三个重要条件不满足能否测出正确高差？（对三项误差分别叙述）
7. 试述圆水准器、水准管轴和十字丝检验的目的。
8. 水准测量中产生误差的原因有哪些？如何保证水准测量的精度？
9. 为什么不能任意颠倒三个检验项目的检验顺序？
10. 表 2-3 为水准仪检验记录表，请完成。

表 2-3　　　　　　　　　水准仪检验记录表

日期：_____　　天气：_____　　仪器型号：_____　　姓名：_____

（1）圆水准器的检验

圆水准器气泡居中后，将望远镜旋转 180° 后，气泡_____。（填"居中"或"不居中"）

（2）十字丝横丝的检验

检验次序	横丝偏离固定点的距离/mm
1	
2	

此项检验是为满足_____的条件。

（3）水准管轴平行于视准轴的检验

次序	仪器在中间		仪器在_____点近旁		附图
	A 点尺读数	B 点尺读数	A 点尺读数	B 点尺读数	仪器在中间
1					
	$h_{AB}=a_1-b_1=$		$h'_{AB}=a_2-b_2=$		
2					仪器在____点近旁
	$h_{AB}=a_1-b_1=$		$h'_{AB}=a_2-b_2=$		
平均	h_1		h_2		
辅助计算	远点 A 的校正尺读数 $a'_2=b_2+h_1=$ 远点 B 的校正尺读数 $b'_2=a_2-h_2=$		i 角的近似计算		

若 $h_1 = h_2$，则表明_____，几何条件满足。

若 $h_1 \neq h_2$，则 h_2 中有_____的影响。如果_____超过 $\pm 20''$，则需要进行校正。

(4) 检验结论

经检验，该仪器满足下列条件：

圆水准器轴平行于仪器竖轴（满足则_____，不满足则_____）；

十字丝横丝垂直于仪器竖轴（满足则_____，不满足则_____）；

望远镜视准轴平行于水准管轴（在竖直面内投影）（满足则_____，不满足则_____）。

A. 该仪器可以投入使用

B. 该仪器需校正不满足之条件使其满足后方可投入使用

技能实训三
经纬仪测回法观测水平角

一、目的要求

1. 认识经纬仪,了解其使用方法。
2. 掌握水平角的观测、记录、计算方法。

二、实训准备

DJ_6 光学经纬仪(含三脚架)、测伞、记录板、记录表格、铅笔等。

三、实训内容与步骤

(一)经纬仪的使用方法

在指定点位上安置经纬仪,熟悉仪器各部件的名称和作用,如图3-1所示。

1. 经纬仪的操作

(1)对中

当使用垂球对中时,挂上垂球,平移三脚架,使垂球尖大致对准测站点,并注意三脚架架头水平,踩紧三脚架。稍松连接螺旋,在架头上平移仪器,使垂球尖精确对准测站点(符合限差要求),最后旋紧连接螺旋。

当使用光学对中器对中时,仪器大致对中后,首先进行光学对中器调焦,一脚固定,移动三脚架另外两个脚,使光学对中器十字丝对准测站点;然后伸缩三脚架使圆水准器对中;再旋转脚螺旋使水准管气泡居中;最后稍松中心螺旋,用手在架头上平移基座,进行精确对中,误差≤±1 mm。

(2)整平

如图3-2所示,转动照准部,使照准部水准管平行于任意一对脚螺旋,同时相对旋转这两只脚螺旋,使水准管气泡居中,将照准部绕竖轴转动90°,再转动第三只脚螺旋,使气泡居中。如此反复调试,直至照准部转到任何方向,气泡在水准管内的偏移都不超过分划线的1格。

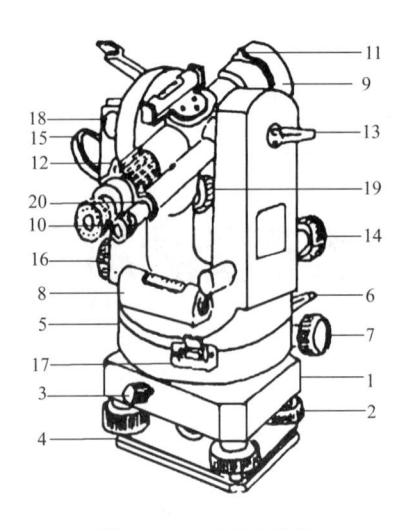

图 3-1 DJ₆光学经纬仪

1—基座；2—脚螺旋；3—轴套制动螺旋；4—脚螺旋压板；5—水平度盘外罩；6—水平方向制动螺旋；
7—水平方向微动螺旋；8—照准部水准管；9—物镜；10—目镜调焦螺旋；11—准星；
12—物镜调焦螺旋；13—望远镜制动螺旋；14—望远镜微动螺旋；15—反光照明镜；16—度盘读数测微轮；
17—复测机钮；18—竖直度盘水准管；19—竖直度盘水准管微动螺旋；20—度盘读数显微镜

（3）调焦与照准

调焦包括目镜调焦和物镜调焦两部分，照准就是使望远镜十字丝交点精确照准目标。步骤如下：

①照准前先松开望远镜制动螺旋与照准部制动螺旋，将望远镜朝向明亮背景，调节目镜对光螺旋，使十字丝清晰；

②利用望远镜上的照门和准星粗略照准目标，拧紧照准部及望远镜制动螺旋；

③调节物镜对光螺旋，使目标清晰，并消除视差；

④转动照准部和望远镜微动螺旋，精确照准目标。

需要注意的是，测水平角时，要使十字丝竖丝精确照准目标，并尽量使十字丝交点照准目标底部，如图 3-3 所示；测竖直角时，要使十字丝横丝精确照准目标，也尽量用十字丝交点照准目标。

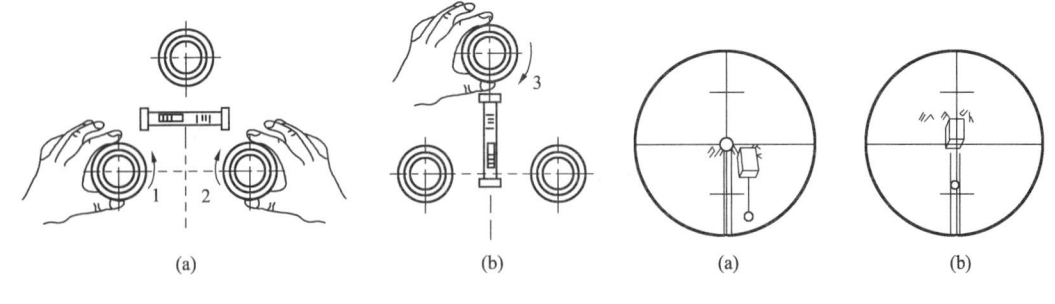

图 3-2 整平

图 3-3 照准目标

（4）读数

调节反光镜，使读数系统明亮，且亮度适中；转动读数显微镜目镜调焦螺旋，使盘、测微尺及指标线的影像清晰；正确读数。

技能实训三　经纬仪测回法观测水平角

DJ_6 光学经纬仪常用的测微方法有分微尺测微器读数和单平板玻璃测微器读数两种方法。其中分微尺测微器的读数方法如下：

装有分微尺的经纬仪，在读数显微镜内能看到两个读数窗，注有"一"（或"H""水平"）的是水平度盘读数窗，如图 3-4 所示，注有"⊥"（或"V""竖直"）的是竖直度盘读数窗，每个读数窗上刻有 60 小格的分微尺，其长度等于度盘间隔 1°的两分划线之间的影像宽度，因此，该读数窗读数可精确到 1′，估读到 6″(0.1′)。读数时，先读出位于分微尺 60 小格区间内的度盘分划线的注记值，再根据该分划线与分微尺上 0 注记之间的刻划读出分数，并估读秒数。图 3-4 水平度盘读数为 115°03′42″，竖直度盘读数为 72°51′42″。

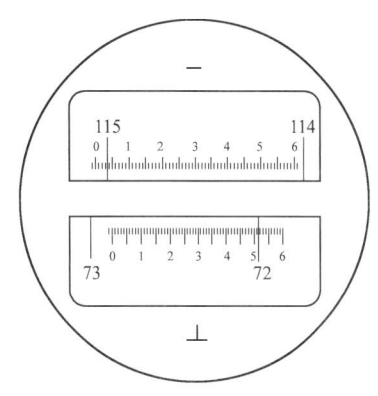

图 3-4　分微尺测微器读数

2. 注意事项

（1）仪器从箱中取出前，应看好它的放置位置，以免装箱时不能放回到原位。

（2）仪器在三脚架上固定连接前，手必须握住仪器，防止仪器跌落。

（3）转动望远镜或照准部前，必须先松开制动螺旋，用力要轻；一旦发现转动不灵，要及时检查原因，不可强行转动。

（4）仪器装箱后要及时上锁，以防发生危险事故。

（二）测回法观测水平角（图 3-5）

设 A、O、B 为地面三点，为测定 OA 和 OB 两个方向之间的水平角，在 O 点安置经纬仪，对中、整平后进行观测。观测步骤如下：

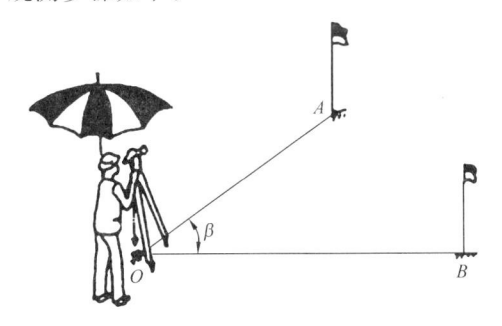

图 3-5　测回法观测水平角

（1）盘左

先瞄准左目标 A，读数记作 $a_左$；再沿顺时针方向转动照准部，瞄准目标 B，读数记作 $b_左$；计算上半测回角值，$\beta_左 = b_左 - a_左$。

（2）盘右

倒转望远镜后，先瞄准右目标 B，读数记作 $b_右$；再沿逆时针方向转动照准部，瞄准左目标 A，读数记 $a_右$；计算下半测回角值，$\beta_右 = b_右 - a_右$。

（3）检查

上、下半测回角值互差的限差 $f_{\beta允} \leqslant \pm 40″$。若符合要求，则计算平均角值，一测回角值 $\beta = (\beta_左 + \beta_右)/2$，否则重测。

测站观测完毕后，检查各测回角值互差是否超限，计算平均角值见表 3-1。

表 3-1　　　　　　　　　　　　　　测回法观测手簿

名称：_____　　　观测者：_____　　　记录者：_____
日期：_____　　　天　气：_____　　　仪器型号：_____

测站点	测回数	竖盘位置	目标	水平度盘读数/(° ′ ″)	半测回角值/(° ′ ″)	一测回角值/(° ′ ″)	各测回平均角值/(° ′ ″)	备注
O	1	盘左	A	0　02　24	81　12　12	81　12　06	81　12　08	
			B	81　14　36				
		盘右	A	180　02　36	81　12　00			
			B	261　14　36				
O	2	盘左	A	90　03　06	81　12　06	81　12　09		
			B	171　15　12				
		盘右	A	270　03　00	81　12　12			
			B	351　15　12				

四、注意事项

1. 照准目标时，尽可能照准其底部，以减小目标倾斜引起的误差。
2. 同一测回观测时，切勿变动或碰动复测扳手和度盘变换手轮，以免发生错误。
3. 观测过程中若发现气泡偏移超过 1 格，则应重新整平并重测该测回。
4. 计算半测回角值时，若左目标读数 a 大于右目标读数 b，则应加 360°。
5. 限差要求：对中误差≤±3 mm；上、下半测回角值互差≤±40″，若超限则重测该测回；各测回角值互差≤±24″，若超限则重测。
6. 为提高测角精度，观测 n 个测回时（或各组每人一个测回），各测回的度盘初始读数略大于 $180°/n$。转动照准部，采用度盘变换手轮配置，使水平度盘读数在该测回的度盘位置处。

五、实训报告

根据经纬仪水平角观测数据，填写表 3-2，并提交实训报告。

表 3-2　　　　　　　　　　　测回法观测水平角记录表

日期：_____　　天气：_____　　姓名：_____　　仪器型号：_____

测回数	竖盘位置	目标	水平度盘读数/(° ′ ″)	半测回角值/(° ′ ″)	一测回角值/(° ′ ″)	各测回平均角值/(° ′ ″)	备注
1	盘左	A					
		B					
	盘右	A					
		B					
2	盘左	A					
		B					
	盘右	A					
		B					

思考与训练

1. 经纬仪对中、整平的目的是什么？试述用光学经纬仪对中、整平的步骤和方法。
2. 水准仪与经纬仪的安置有何不同？
3. 具有复测扳手和度盘变换手轮装置的经纬仪，其配置步骤有哪些？
4. 观测水平角时，若右目标读数小于左目标读数，应如何计算角值？
5. 观测水平角时，若测三个测回，各测回盘左起始方向读数应配为多少？
6. 对照实训仪器，简述各部件和螺旋的作用。
7. 试述水平角观测的方法和测回法的应用范围。
8. 叙述用测回法观测水平角的观测程序。
9. 何谓水平角？若某测站点与两个不同高度的目标点位于同一竖直面内，则其构成的水平角是多少？
10. 完成表 3-3 测回法观测水平角的计算。

表 3-3 测回法观测水平角计算表

测回数	竖盘位置	目标	水平度盘读数/(° ′ ″)	半测回角值/(° ′ ″)	一测回角值/(° ′ ″)	各测回平均角值/(° ′ ″)	备注
1	盘左	A	0 01 00				
		B	97 18 48				
	盘右	A	180 01 30				
		B	277 19 12				
2	盘左	A	90 00 06				
		B	187 17 36				
	盘右	A	270 00 36				
		B	7 18 00				

11. 计算水平角时，当被减数不够减时，为什么可以加 360°？
12. 经纬仪的主要特点是什么？

技能实训四
全圆方向观测法测量水平角

一、目的要求

1. 熟练掌握经纬仪的使用。
2. 会用全圆方向观测法测量水平角。

二、实训准备

DJ_6 光学经纬仪（含三脚架）、测伞、记录板等。

三、实训内容与步骤

当在一个测站点的观测目标超过 2 个时，可将这些目标方向合并为一组一并观测，称为方向观测法。当观测目标超过 3 个时，为保证精度，每次测量需再次瞄准起始方向，称为全圆方向观测法。其步骤如下：

1. 设置标志于所有目标点，如 A、B、C、D 四点，如图 4-1 所示，安置仪器于测站点 O，对中和整平，选定起始方向（又称零方向）如 A 点。

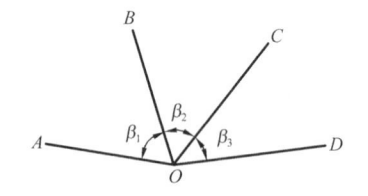

图 4-1 全圆方向观测法

2. 盘左位置：沿顺时针方向旋转照准部，依次照准目标 A、B、C、D、A，分别读取水平度盘读数，并依次记入观测手簿。其中两次照准 A 目标是为了检查水平度盘位置在观测过程中是否发生变动，称为归零，两次读数之差称为半测回归零差，其限差要求为：DJ_6 光学经纬仪 $\leq \pm 18''$，DJ_2 光学经纬仪 $\leq \pm 8''$。计算中注意归零差的检核。以上称为上半测回。

3. 盘右位置：倒转望远镜，沿逆时针方向旋转照准部，依次照准目标 A、D、C、B、A，分别读取水平度盘读数，并依次记入观测手簿，称为下半测回。同样注意检核归零差。

这样就完成了一测回。若为了提高精度需要测 n 个测回，则需要配度盘，即每个测回的起始目标读数按 $180/n$ 的原则进行配置。表 4-1 中即测了两测回。

4. 计算。全圆方向观测法测量水平角的记录和计算见表4-1。

(1) 计算二倍视准轴误差2C：即同一方向，盘左和盘右读数之差，2C＝盘左读数－（盘右读数±180°），如表中第一测回目标B的二倍视准轴误差 2C ＝37°44′15″－（217°44′05″－180°）＝＋10″，将各方向2C值记入表的第6栏中。

同一测回各方向2C互差：对于DJ₂光学经纬仪不应超过±13″；DJ₆光学经纬仪一般没有2C互差的规定。

(2) 计算各方向值的平均值：若2C互差在规定的范围内，取同一方向盘左和盘右读数的平均值，就是该方向值的平均值

$$方向值的平均值=\frac{1}{2}[盘左读数＋（盘右读数±180°）]$$

例如，起始目标A的方向值为0°02′06″，由于归零，另有一个方向值为0°02′13″，因此取两个方向值的平均值0°02′10″作为目标A的最后方向值，记入表中第7栏的第一行目标A的方向值上面的括号里。

表4-1　　　　　　　　　全圆方向观测法测量水平角观测手簿

测站点	测回数	目标	水平度盘读数/(° ′ ″) 盘左	水平度盘读数/(° ′ ″) 盘右	2C/(″)	平均读数/(° ′ ″)	一测回归零后方向值/(° ′ ″)	各测回归零后方向值的平均值/(° ′ ″)	略图及角值
第1栏	第2栏	第3栏	第4栏	第5栏	第6栏	第7栏	第8栏	第9栏	第10栏
O	1	A	0 02 12	180 02 00	＋12	(0 02 10) 0 02 06	0 00 00	0 00 00	
		B	37 44 15	217 44 05	＋10	37 44 10	37 42 00	37 42 01	
		C	110 29 04	290 28 52	＋12	110 28 58	110 26 48	110 26 52	
		D	150 14 51	330 14 43	＋8	150 14 47	150 12 37	150 12 33	
		A	0 02 18	180 02 08	＋10	0 02 13			
	2	A	90 03 30	270 03 22	＋8	(90 03 24) 90 03 26	0 00 00		
		B	127 45 34	307 45 28	＋6	127 45 31	37 42 07		
		C	200 30 24	20 30 18	＋6	200 30 21	110 26 57		
		D	240 15 57	60 15 49	＋8	240 15 53	150 12 29		
		A	90 03 25	270 03 18	＋7	90 03 22			

(3) 计算归零后的方向值：将起始方向值换算为0°00′00″，即从各方向值的平均值中减去起始方向值的平均值，即得各方向的"一测回归零后方向值"，填入表中第8栏相应位置。

(4) 计算各测回归零后方向值的平均值：各测回中同一方向归零后的方向值较差的限差，DJ₆光学经纬仪为24″，DJ₂光学经纬仪为9″。当观测结果在规定的限差范围内时，取各测回方向值的平均值作为该方向值的最后结果，填入表中第9栏相应位置。

(5) 根据各测回归零后方向值的平均值计算各水平角的角值，并画出略图，填入表中第10栏中。

25

四、注意事项

1. 一测回观测时,当水准管气泡偏离值大于1格时,应整平后重测。
2. 同一测回观测时,切勿变动或碰动复测扳手和度盘变换手轮,以免发生错误;一测回内不得重新整平仪器,但测回间可以重新整平仪器。
3. 半测回归零差≤±18″,其他限差要求同测回法。

五、实训报告

根据全圆方向观测法观测数据,填写表4-2,并提交实训报告。

表 4-2　　　　　　　全圆方向观测法测量水平角观测手簿

日期:_____ 天气:_____ 仪器型号:_____ 观测者:_____ 记录者:_____

测站点	测回数	目标	水平度盘读数/(° ′ ″)		2C/(″)	平均读数/(° ′ ″)	一测回归零后方向值/(° ′ ″)	各测回归零后方向值的平均值/(° ′ ″)	略图及角值
			盘左	盘右					

思考与训练

1. 若上半测回归零差超限是否还应继续观测下半测回?归零差超限是什么原因造成的?
2. 在一个测站点上,当观测目标为3个时,用全圆方向观测法测量水平角可以不归零,而多于3个观测目标时必须归零,为什么?
3. 在一测回观测过程中,发现水准管气泡已偏离了1格以上,是调整气泡后继续观测,还是必须重新观测?为什么?
4. 说明下列各部件或操作螺旋的用途:
 (1)水平方向制动螺旋和微动螺旋。

(2)望远镜制动螺旋和微动螺旋。

(3)复测扳手、度盘变换手轮。

(4)竖直度盘水准管及微动螺旋。

5.完成表4-3全圆方向观测法测量水平角的计算。

表4-3　　　　　　　　　　全圆方向观测法测量水平角观测手簿

测站点	测回数	目标	水平度盘读数/(° ′ ″) 盘左	水平度盘读数/(° ′ ″) 盘右	2C/(″)	平均读数/(° ′ ″)	一测回归零后方向值/(° ′ ″)	各测回归零后方向值的平均值/(° ′ ″)	略图及角值
O	1	A	0 02 30	180 02 36					
		B	60 23 36	240 23 42					
		C	225 19 06	45 19 18					
		D	290 14 54	110 14 48					
		A	0 02 36	180 02 42					
	2	A	90 03 30	270 03 24					
		B	150 23 48	330 23 30					
		C	315 19 42	135 19 30					
		D	20 15 06	200 15 00					
		A	90 03 24	270 03 18					

6.在进行全圆方向观测法测量时,归零差、2C互差、各测回中同一方向归零后的方向值较差的含义是什么?

技能实训五
竖直角测量及竖盘指标差检验

一、目的要求

1. 掌握竖直角观测、记录及计算的方法。
2. 掌握竖盘指标差的计算方法。

二、实训准备

1. DJ_6 光学经纬仪(含三脚架)、测伞、记录板、记录表格、铅笔等。
2. 选择实验场地周围 3 个目标,目标最好高、低都有,以便观测值有仰角和俯角。高目标可选择避雷针、电视天线等的顶部,低目标可选择地面上的一个低点。

三、实训内容与步骤

(一)应知知识

1. 竖直角测量原理

竖直角是在同一竖直面内,一点到目标的方向线与水平线之间的夹角,又称为倾角,用 α 表示。如图 5-1 所示,方向线在水平线上方,竖直角为仰角,在其角值前加"+";方向线在水平线下方,竖直角为俯角,在其角值前加"—"。竖直角的角值为 0°～±90°。

竖直角是利用竖盘来度量的。如图 5-1 所示,望远镜照准目标的方向线与水平线分别在竖盘上有对应读数,两读数之差即竖直角的角值。因为在过 O 点的铅垂线上不同的位置设置竖盘时,所测竖直角角值不同,所以应引起注意,必要时需要测量仪器高和目标高。

2. 竖盘的组成

竖盘包括盘、竖盘指标水准管和竖盘指标水准管微动螺旋。

竖盘固定在望远镜横轴的一端,与横轴垂直。望远镜绕横轴旋转时,竖盘也随之转动,而竖盘指标不动。不同型号的经纬仪其竖盘刻划的注记形式不尽相同,注记形式有顺时针和逆时针两种。当望远镜视线水平、竖盘指标水准管气泡居中时,盘左竖盘读数应为 90°,盘右竖盘读数则为 270°。

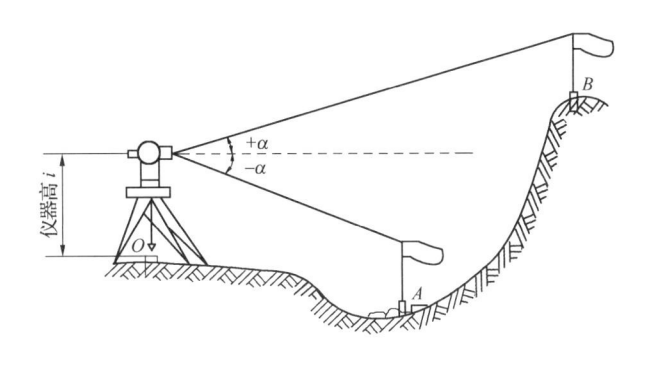

图 5-1 竖直角测量原理

3. 竖盘指标

竖盘指标为分(测)微尺的零分划线,它与竖盘指标水准管固连在一起,当旋转竖盘指标水准管微动螺旋使竖盘指标水准管气泡居中时,竖盘指标即处于正确位置。

4. 竖直角计算公式

(1)顺时针注记形式

盘左时,视线水平时的竖盘指标读数为 90°,望远镜逐渐抬高时(仰角),读数减小。

竖直角 $\alpha_左 = 90° - L$

$\alpha_右 = R - 270°$

式中,L、R 分别为盘左、盘右照准目标时的竖盘读数。

一测回的竖直角角值为 $\alpha = (\alpha_左 + \alpha_右)/2 = (R - L - 180°)/2$

(2)逆时针注记形式

仿照顺时针注记的推求方法,可得其竖直角计算公式

$$\alpha_左 = L - 90°; \alpha_右 = 270° - R$$

一测回的竖直角角值为 $\alpha = (\alpha_左 + \alpha_右)/2 = (L - R + 180°)/2$

5. 竖盘指标差

(1)竖盘指标差

当竖盘指标不是恰好指在 90°或 270°整数上,而是与 90°或 270°相差一个 x 角时,x 称为竖盘指标差。

竖盘指标的偏移方向与竖盘注记增加方向一致时,x 值为正;反之为负。

(2)竖盘指标差的计算公式

以顺时针注记竖盘为例。

由于竖盘指标差 x 的存在,使得盘左、盘右的读数 L、R 含有指标差的影响。

故正确的竖直角为 $\alpha = 90° - (L - x) = (R - x) - 270°$

说明:用盘左、盘右各观测一次竖盘直角,然后取其平均值作为最后结果,可以消除竖盘指标差的影响。

$$x = (L + R - 360°)/2$$

(二)竖直角的观测与计算

1. 观测

(1)在测站点上安置经纬仪,对中、整平。

(2)在盘左位置用十字丝中丝照准目标,调整竖盘指标水准管微动螺旋使竖盘指标水准管气泡居中后,读取竖盘读数 L,记入观测手簿。

(3)在盘右位置用水平中丝照准目标,调整竖盘指标水准管微动螺旋使竖盘指标水准管气泡居中后,读取竖盘读数 R,记入观测手簿。

以上盘左、盘右观测构成一个竖直角测回。

2. 记录与计算(表 5-1)

表 5-1　　　　　　　　　　　　　竖直角观测手簿

测站点	目标	竖盘位置	竖盘读数/(° ′ ″)	半测回竖直角/(° ′ ″)	竖盘指标差/(″)	一测回竖直角/(° ′ ″)	备注(盘左)
O	A	盘左	73　44　12	+16　15　48	+12	+16　16　00	
		盘右	286　16　12	+16　16　12			
	B	盘左	114　03　42	−24　03　42	+18	−24　03　24	
		盘右	245　56　54	−24　03　06			

四、注意事项

1. 竖直角测量应在目标成像清晰、稳定的条件下进行。
2. 盘左、盘右两盘照准目标时,其目标成像应分别位于纵丝左、右附近的对称位置。
3. 观测过程中,若发现指标差绝对值大于 30″,应予以校正。
4. DJ$_6$ 光学经纬仪竖盘指标差 ≤±24″。

五、实训报告

根据竖直角观测数据,填写表 5-2,并提交实训报告。

表 5-2　　　　　　　　　　　　　竖直角观测记录表

日期:＿＿＿＿　天气:＿＿＿＿　仪器型号:＿＿＿＿　观测者:＿＿＿＿　记录者:＿＿＿＿

测站点	目标	竖盘位置	竖盘读数/(° ′ ″)	半测回竖直角/(° ′ ″)	竖盘指标差/(″)	一测回竖直角/(° ′ ″)
O	A	盘左				
		盘右				
	B	盘左				
		盘右				
	C	盘左				
		盘右				

思考与训练

1. 经纬仪是否也能像水准仪那样提供一条水平视线，如何提供？若 DJ_6 光学经纬仪的竖盘指标差为 +36″，则竖盘读数为多少时才是一条水平视线？

2. 分别用盘左、盘右观测一个目标的竖直角，其值相等吗？若不相等，说明了什么？应如何处理？

3. 试述竖直角观测的步骤。

4. 完成表 5-3 的计算（注：盘左视线水平时竖盘指标读数为 90°，仰起望远镜时读数减小）。

表 5-3　　　　　　　　　　竖直角观测手簿

测站点	目标	竖盘位置	竖盘读数/(° ′ ″)	半测回竖直角/(° ′ ″)	竖盘指标差/(″)	一测回竖直角/(° ′ ″)	备注
O	A	盘左	78 18 18				
		盘右	281 42 00				
	B	盘左	91 32 36				
		盘右	268 27 30				

5. 观测竖直角时，为什么要求竖盘指标水准管气泡要居中？旋转竖盘指标水准管微动螺旋时，竖盘读数是否在变？望远镜的十字丝是否在移动？为什么？

6. 何为竖盘指标差？观测竖直角时如何消除竖盘指标差的影响？

7. 竖盘自动归零装置有什么作用？如何使用？

技能实训六

DJ₆光学经纬仪的检验与校正

一、目的要求

1. 了解经纬仪的构造和原理。
2. 掌握经纬仪的检验和校正方法。

二、实训准备

DJ₆光学经纬仪(含三脚架)、三角板或直尺、皮尺、测伞、记录板等。

三、实训内容与步骤

完成经纬仪的检验任务(照准部水准管轴、十字丝竖丝、视准轴、横轴、光学对中器、竖盘指标差)。

(一)应知知识

1. 经纬仪的主要轴线

如图6-1所示,经纬仪的主要轴线有:竖轴(VV)、横轴(HH)、视准轴(CC)和水准管轴(LL)。

2. 经纬仪各轴线间应满足的几何关系

(1)水准管轴应垂直于竖轴($LL \perp VV$)。

(2)十字丝竖丝应垂直于横轴。

(3)视准轴应垂直于横轴($CC \perp HH$)。

(4)横轴应垂直于竖轴($HH \perp VV$)。

(5)视准轴水平、竖盘指标水准管气泡居中时,指标读数应为90°的整数倍,即竖盘指标差为零。

经纬仪在出厂时,上述几何条件是满足的。但是,由于仪器长期使用或受到碰撞、振动等影响,导致轴线位置发生变化。因此在正式作业前,应对经纬仪进行检验,若

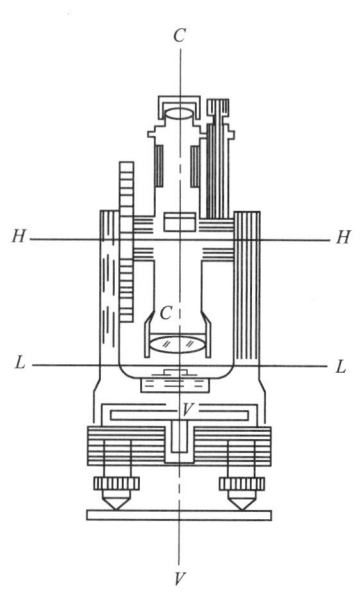

图6-1 经纬仪的主要轴线

发现上述几何关系不满足,则必须校正,直到满足为止。

(二)实训要点和检校流程

1. 实训要点

检验经纬仪时,其精度要求很高。竖直角观测时,注意经纬仪竖盘读数与竖直角的区别。

2. 检校流程

照准部水准管轴—十字丝竖丝—视准轴—横轴—光学对中器—竖盘指标差。

(三)经纬仪的检校过程

1. 照准部水准管轴的检验与校正

(1)检验

首先利用圆水准器粗略整平仪器,然后转动照准部,使水准管平行于任意两只脚螺旋的连线方向,调节这两只脚螺旋使水准管气泡居中,再将仪器旋转180°,若水准管气泡仍居中,则说明水准管轴与竖轴垂直;若水准管气泡不再居中,则说明水准管轴与竖轴不垂直,需要校正。

(2)校正

如图6-2(a)所示,设竖轴与水准管轴不垂直,偏离了α角,则当仪器绕竖轴旋转180°后,竖轴偏离水准管轴的角为2α,如图6-2(b)所示。

校正时,用校正针拨动水准管一端的校正螺丝,使水准管气泡回到偏离中心位置的一半,即图6-2(c)所示位置,此时水准管轴与竖轴垂直,然后再相对转动这两只脚螺旋,使水准管气泡居中,如图6-2(d)所示。

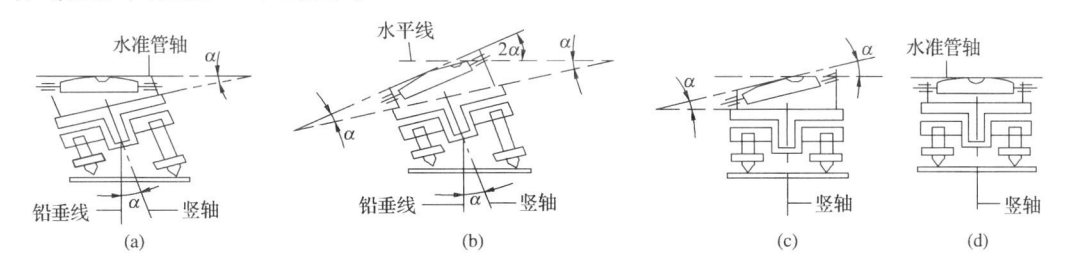

图6-2 水准管轴的检验与校正

此项检验、校正需要反复进行,直至仪器旋转到任意方向,水准管气泡仍居中或偏离零点不大于半格为止。

2. 十字丝竖丝垂直于横轴的检验与校正

(1)检验

整平仪器后,用十字丝竖丝的上端或下端精确对准墙上或远处一明显的目标点,固定水平制动螺旋和望远镜制动螺旋,旋转望远镜微动螺旋,使望远镜上下做微小俯仰,如果目标点始终在十字丝竖丝上移动,则说明条件满足,如图6-3(a)所示;否则需要校正,如图6-3(b)所示。

(2)校正

校正时,先旋下目镜分划板护盖,松开四只压环螺旋,转动望远镜筒,如图6-4所示。使目标点在望远镜上下俯仰时始终在十字丝竖丝上下移动,最后将压环螺旋拧紧,拧上目镜分划板护盖。

33

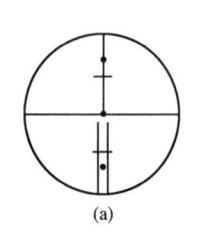

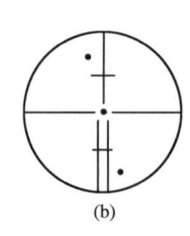

图 6-3 十字丝竖丝的检验 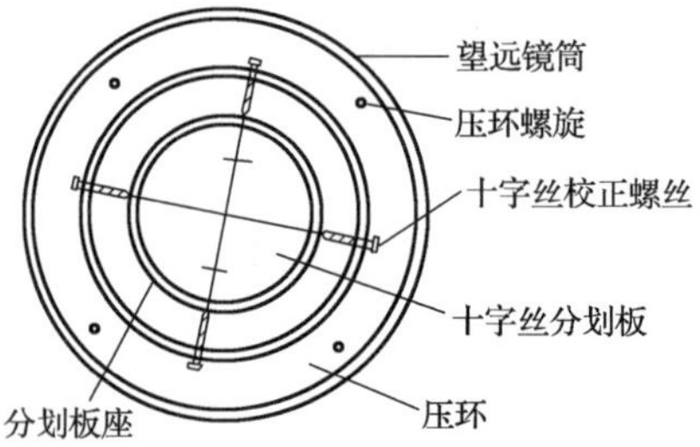　　　　　　图 6-4 十字丝竖丝的校正

3. 视准轴垂直于横轴的检验与校正

视准轴垂直于横轴的检验、校正方法有两种：盘左、盘右瞄点法和四分之一法。这里介绍常用的四分之一法。

（1）检验

在平坦地面上选择一直线 AB，60～100 m，在 AB 中点 O 架设仪器，并在 B 点垂直横置一小尺。盘左瞄准 A 点，倒镜在 B 点小尺上读取 B_1；再用盘右瞄准 A 点，倒镜在 B 点小尺上读取 B_2，经计算，若经纬仪二倍视准轴误差 $2C>60''$，则需校正。如图 6-5 所示。

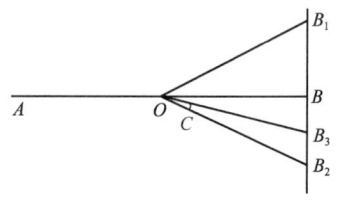

图 6-5 视准轴误差检验

用皮尺量得：$OB=$ _____。

B_1 处读数为 _____，B_2 处读数为 _____，$B_1B_2=$ _____。

经计算得：$c''=\dfrac{B_1B_2}{4\cdot OB}\cdot\rho''=$ _____（$\rho''=206\ 265''$）。

（2）校正

用拨针拨动图 6-4 中左、右两只十字丝校正螺丝，一松一紧。

校正时，在尺子上定出一点 B_3，使 $B_2B_3=B_1B_2/4$，OB_3 便与横轴垂直。所以，用拨针拨动左、右两只十字丝校正螺丝，一松一紧，左右移动十字丝分划板，直至十字丝竖丝交点与 B_3 影像重合。这项校正也需反复进行。

4. 横轴垂直于竖轴的检验与校正

（1）检验

在 20～30 m 处的墙上选一仰角大于 30°的目标点 P，先用盘左瞄准 P 点，放平望远镜，在墙上定出 P_1 点；再用盘右瞄准 P 点，放平望远镜，在墙上定出 P_2 点。经计算若 DJ$_6$ 光学经纬仪 $i>20''$，则需校正。如图 6-6 所示。

①用尺量得：$OM=$ _____。

②用经纬仪测得竖直角，见表 6-1。

③用尺量得：$P_1P_2=$ _____。

④经计算得：$i''=\dfrac{P_1P_2}{OM\cdot\tan\alpha}\cdot\rho''=$ _____（$\rho''=206\ 265''$）。

（2）校正

①在墙上定出 P_1、P_2 两点连线的中点 M，仍以盘右位置转动水平微动螺旋，照准 M 点，转动望远镜，将望远镜上翘到和 P 点同高的位置，这时十字丝竖丝交点必然偏离 P 点，设为 P' 点。

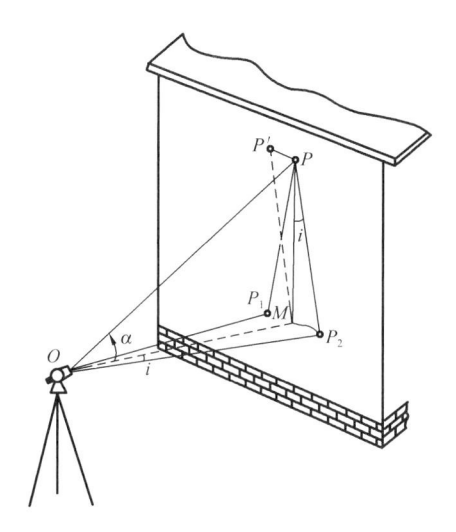

图 6-6　横轴的检验

②打开仪器支架的护盖,松开望远镜横轴的校正螺丝,转动偏心轴承,升高或降低横轴的一端,使十字丝竖丝交点准确照准 P 点,最后拧紧校正螺丝,盖上护盖。

由于光学经纬仪密封性好,仪器出厂时又经过严格检验,一般情况下横轴不易变动。但测量前仍应加以检验,如有问题,最好送专业修理单位检修。

5.竖盘指标差的检验与校正

(1)检验

在地面安置好经纬仪,用盘左、盘右分别瞄准同一目标,正确读取竖盘读数 L 和 R,并按式 $\alpha=(\alpha_左+\alpha_右)/2$,$x=\frac{1}{2}(\alpha_右-\alpha_左)=\frac{1}{2}(R+L-360°)$,分别计算竖直角 α 和竖盘指标差 x,记录与计算见表 6-2,当 x 值超过规定值时,加以校正。

表 6-1　　　　　　　　竖直角 α 和竖盘指标差 x 观测记录与计算表

测站点	目标	竖盘位置	竖盘读数 /(° ′ ″)	半测回竖直角 /(° ′ ″)	竖盘指标差 /(″)	一测回竖直角 /(° ′ ″)
		盘左				
		盘右				
		盘左				
		盘右				
		盘左				
		盘右				
		盘左				
		盘右				
		盘左				
		盘右				

(2)校正

先计算盘右(或盘左)时的竖盘正确读数 $R_0=R+x$(或 $L_0=L-x$),仪器仍保持照准原目标,调节竖盘指标水准管微动螺旋,使竖盘指标在 $R_应$（或 $L_应$）上,此时竖盘指标水准管气泡不再居中,用校正针拨动水准管一端的校正螺丝,使水准管气泡居中。

此项检校需反复进行,直至竖盘指标差小于规定的限度为止。

6. 光学对中器的检验与校正

（1）检验

安置经纬仪后,使光学对中器十字丝中心精确对准地面上一点,即仪器对中后,眼睛观察光学对中器,绕竖轴旋转任何方向仍然对中,说明光学对中器的光学垂线与仪器竖轴重合,否则应校正。

（2）校正

调节相应的螺丝,使分划圈中心左右或前后移动来对准中点,反复进行,直到照准部转到任何方向,光学对中器分划圈始终对准中心为止。

测量规范要求：在正式作业前,应对经纬仪进行检验和校正,仪器检校合格后方可使用。

四、注意事项

1. 不能颠倒项目的检验顺序。各项校正后,校正螺丝应处于稍紧状态。
2. 选择测站时,应能顾及视准轴与横轴两项检验。

五、实训报告

根据 DJ_6 光学经纬仪的检校过程,填写表 6-2 并提交实训报告。

表 6-2　　　　　　　　DJ_6 光学经纬仪的检校记录表

日期：_____　　天气：_____　　仪器型号：_____　　观测者：_____　　记录者：_____

实训项目	
实训目的	
主要仪器工具	

（1）照准部水准管轴的检验与校正过程

（2）十字丝竖丝垂直于横轴的检验与校正过程

（3）视准轴垂直于横轴的检验与校正过程

（4）实训总结

思考与训练

1. 水平角观测采用盘左、盘右取平均值,是为了消除仪器的什么误差?能否消除仪器竖轴倾斜引起的误差?
2. 经纬仪有哪几条主要轴线?各轴线间应满足怎样的几何关系?
3. 检验视准轴垂直于仪器竖轴时,为什么要选择一个与仪器水平视线同高的目标点?而检验仪器横轴垂直于竖轴时,目标为什么要选高一点?
4. 用盘左校正竖盘指标差时,盘左的正确读数应如何计算?
5. 用盘右校正竖盘指标差时,盘右的正确读数应如何计算?
6. 当边长较短时,更要注意仪器的对中误差和瞄准误差吗?为什么?

技能实训七
全站仪的使用

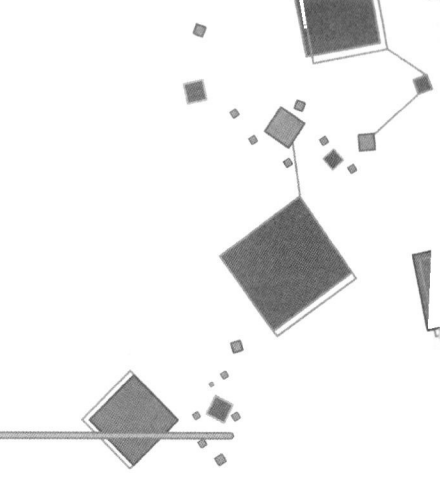

一、目的要求

1. 了解全站仪的基本组成。
2. 掌握全站仪的基本使用方法。

二、实训准备

全站仪(含三脚架)、对中杆棱镜、测伞、记录手册等。

三、实训内容与步骤

1. 全站仪的认识(图 7-1)

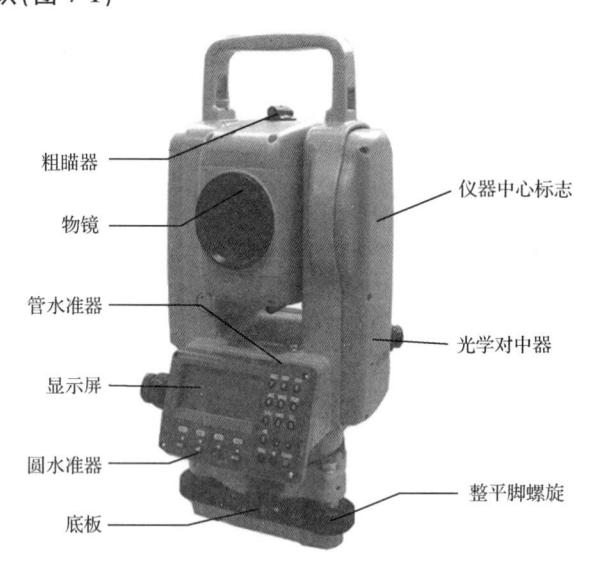

图 7-1 南方全站仪 NTS-350 系列

（标注：粗瞄器、物镜、管水准器、显示屏、圆水准器、底板、仪器中心标志、光学对中器、整平脚螺旋）

全站仪由电子测角、光电测距、微型机和数据处理系统组成。全站仪的基本功能是测角、测距,并借助机内固化软件,可以组成多种测量功能。

2. 全站仪的使用(以南方全站仪为例进行介绍)

全站仪的安置操作(对中、整平、瞄准等)与经纬仪基本相同,不同的是,全站仪有操作键盘和显示屏(图 7-2),通过键盘的操作,显示屏上会显示出各种数据。

图 7-2　南方全站仪的操作键盘和显示屏

(1)测量前的准备工作

①电池的安装(注意:测量前电池需充足电)

● 把电池盒底部的导块插入装电池的导孔。

● 按电池盒的顶部,直至听到"咔嚓"响声。

● 向下按解锁键,取出电池。

②仪器的安置

● 在实验场地选择一点作为测站点,另外两点作为观测点。

● 将全站仪安置于测站点,对中、整平。

● 在观测点分别安置棱镜。

③初始化工作

对中、整平后,按开关键(⌾)开机后,上下转动望远镜几周,然后使仪器水平盘转动几周,完成仪器初始化工作,直至显示水平度盘角值 HR、竖直度盘角值 V 为止。

④参数设置

按测距键进入测距设置,棱镜常数(F2)—输入(F1)—输入棱镜常数,例如:一般国产棱镜常数为-30—确认(F4 两次)—大气改正(F3)—移动光标至温度栏—输入(F1)—输入温度,例如 30 ℃—确认(F4)—移动光标至气压栏—输入(F1)—输入气压—确认(F4 两次)—按 ESC 键回到测角模式。

说明:参数设置后,在重新设置前,仪器将保存现有设置。

⑤调焦与照准目标

操作步骤与一般经纬仪相同,注意消除视差。

(2)全站仪的测量模式

①角度测量(方法与经纬仪相同)

● 先从显示屏上确定全站仪是否处于角度测量模式,如果不是,则按操作键,使测量模式转换为角度测量。

● 盘左瞄准左目标 A,按置零键,使水平度盘读数显示为 $0°00'00''$,顺时针旋转照准部,瞄准右目标 B,读取显示读数。

● 倒镜进行盘右观测。

● 如果测竖直角,可在读取水平度盘的同时读取竖直度盘的显示读数。

②距离测量

● 首先从显示屏上确定全站仪是否处于距离测量模式,若不是,则按操作键,使测量模式转换为距离测量。

● 照准棱镜中心,按坐标测量键,这时显示屏上能显示距离,HD 为水平距离,SD 为倾

39

斜距离，VD 为高差。

③坐标测量

按 ⌐ 键，进入坐标测量模式。

● 设定测站点的三维坐标。

● 设定后视点的坐标或设定后视方向的水平度盘读数为其方位角。当设定后视点的坐标时，全站仪会自动计算后视方向的方位角，并设定后视方向的水平度盘读数为其方位角。

● 设置棱镜常数。

● 设置大气改正值或气温、气压值。

● 测量仪器高、棱镜高，并输入全站仪。

● 照准目标棱镜，按坐标测量键，全站仪开始测距并计算显示测点的三维坐标。

四、注意事项

1. 运输仪器时，应采用原装的包装箱运输、搬动。
2. 近距离将仪器和三脚架一起搬动时，应保持仪器竖直向上。
3. 拔出电源插头之前应先关机。在测量过程中，若拔出电源插头，则可能丢失数据。
4. 换电池前必须关机。
5. 仪器只能存放在干燥的室内。充电时，周围温度应在 10～30 ℃。
6. 全站仪是精密贵重的测量仪器，要防日晒、雨淋、碰撞、震动。严禁仪器直接照准太阳。

五、实训报告

根据全站仪测量记录数据，填写表 7-1，并提交实训报告。

表 7-1　　　　　　　　　　全站仪测量记录表

日期：_____　　天气：_____　　仪器型号：_____　　姓名：_____

测站点	测回数	仪器高/m	棱镜高/m	竖盘位置	水平角观测/(° ′ ″)		竖直角观测/(° ′ ″)		距离高差观测/m			坐标测量/m		
					水平度盘读数	方向值或水平角	竖直度盘读数	竖直角	斜距	平距	高程	x	y	H

技能实训八
钢尺量距和视距测量

一、目的要求

1. 掌握钢尺量距的一般方法与计算方法。
2. 掌握用经纬仪测量距离的方法。

二、实训准备

钢尺、测钎、标杆、记录簿等。

三、实训内容与步骤

(一)钢尺量距一般方法与计算

丈量前,先清除直线上的障碍物,一般由两人在两点间边定线边丈量,具体做法如下:

(1)如图 8-1 所示,量距时,先在 A、B 两点竖立标杆(或测钎),标定直线方向,然后,后尺手持钢尺的零端位于 A 点的后面,前尺手持钢尺的末端并携带一束测钎,沿 AB 方向前进,至第一尺段时停止。

图 8-1 平坦地面的钢尺量距

(2)后尺手以手势指挥前尺手将测钎插在 AB 方向上;后尺手以尺的零点对准 A 点,两人同时将钢尺拉紧、拉平、拉稳后,前尺手喊"预备",后尺手将钢尺零点准确对准 A 点,并喊"好",前尺手随即将测钎对准钢尺末端竖直插入地面,得 1 点。这样便完成了第一尺段 A—1 的丈量工作。

(3)接着后尺手与前尺手共同持尺前进,后尺手走到 1 点时,即喊"停"。再用同样方法完成第二尺段 1—2 的丈量工作。然后后尺手拔起 1 点上的测钎，与前尺手共同持尺前进，丈量第三尺段。如此继续丈量下去，直到最后不足一整尺段 n—B 时，后尺手将钢尺零点对准 n 点测钎，由前尺手读 B 点钢尺读数，此读数即零尺段长度。这样就完成了由 A 点到 B 点的往测工作，从而得到直线 AB 水平距离的往测结果为

$$D_{往}=nl+l' \quad (8\text{-}1)$$

式中　n——整尺段数（A、B 两点之间的测钎数）；

　　　l——整尺段长度；

　　　l'——不足一整尺段的零尺段长度。

为了校核和提高精度，一般还应由 B 点量至 A 点进行返测。最后，以往、返两次丈量结果的平均值作为直线 AB 最终的水平距离。往、返丈量距离之差的绝对值 $|\Delta D|$ 与距离平均值 $D_{平均}$ 之比，并化为分子为 1 的分数，称为相对误差 K，以 K 作为衡量量距的精度

$$D_{平均}=\frac{1}{2}(D_{往}+D_{返}) \quad (8\text{-}2)$$

相对误差 $$K=\frac{|D_{往}-D_{返}|}{D_{平均}}=\frac{|\Delta D|}{D_{平均}} \quad (8\text{-}3)$$

例如，由 30 m 长的钢尺往、返丈量 A、B 两点间的水平距离，丈量结果分别为：往测 4 个整尺段，零尺段长度为 9.98 m；返测 4 个整尺段，零尺段长度为 10.02 m。试校核丈量精度，并求出 A、B 两点间的水平距离。

$$D_{往}=nl+l'=4\times 30+9.98=129.98 \text{ m}, \quad D_{返}=nl+l'=4\times 30+10.02=130.02 \text{ m}$$

AB 水平距离　　$$D_{平均}=\frac{1}{2}(D_{往}+D_{返})=\frac{1}{2}(129.98+130.02)=130.00 \text{ m}$$

相对误差　　$$K=\frac{|D_{往}-D_{返}|}{D_{平均}}=\frac{|129.98-130.02|}{130.00}=\frac{0.04}{130.00}=\frac{1}{3\ 250}$$

相对误差的分母越大，K 值越小，精度越高；反之，精度越低。量距精度取决于使用要求和地面起伏情况，在平坦地区，钢尺量距相对误差一般不应大于 1/3 000；在测量较困难的地区，其相对误差不应大于 1/1 000。

(二)视距测量的观测和计算

经纬仪、水准仪等测量仪器的十字丝分划板上，都有与横丝平行等距对称的两根短丝，称为视距丝。利用视距丝配合标尺就可以进行视距测量。

1. 观测

如图 8-2 所示，在 A 点安置经纬仪，对中、整平，量取仪器高度。设测站点地面高程为 H_0，转动照准部和望远镜瞄准 B 点标尺，分别读取中丝、上丝、下丝读数。调整竖盘读数指标水准管使气泡居中，读取竖盘读数。

2. 计算

假定所用经纬仪竖直角公式为 $\alpha=90°-L+x$，竖盘指标差 $x=+1'$；设在盘左位置，$L=92°48'$，$i=1.300$ m，$v=1.300$ m，$b=1.143$ m，$a=1.457$ m，即 $k=100$，用公式 $D=Kl\cos^2\alpha$，$h=D\tan\alpha+i-v$，计算平距和高差。

尺间隔 $l=a-b=1.457-1.143=0.314$ m

竖直角 $\alpha=90°-L+x=90-92°48'+1'=-2°47'$

平距 $D=Kl\cos^2\alpha=100\times0.314\times\cos^2(-2°47')=31.33$ m

高差 $h=D\tan\alpha+i-v=31.33\times\tan(-2°47')+1.300-1.300=-1.52$ m

四、注意事项

1. 钢尺量距的原理简单，但在操作上容易出错，要做到三清：

零点看清——尺子零点不一定在尺端，有些尺子零点前还有一段分划，必须看清。

读数认清——尺上读数要认清 m、dm、cm 的注字和 mm 的分划数。

尺段记清——尺段较多时，容易发生少记一个尺段的错误。

2. 钢尺容易损坏，为维护钢尺，应做到四不：不扭、不折、不压、不拖。用毕要擦净，涂油后才可卷入尺壳内。

3. 前、后尺手动作要配合好，定线要直，尺身要水平，尺子要拉紧，用力要均匀，待尺子稳定时再读数或插测钎。

4. 用测钎标志点位，测钎要竖直插下，前、后尺所量测钎的部位应一致。

5. 读数要细心，小数要防止错把 9 读成 6，或将 21.041 读成 21.014 等。

6. 记录应清楚，记好后及时回读，互相校核。

7. 量距越过公路时，不允许往来车辆碾压，以免损坏钢尺。

8. 读数误差

读数误差直接影响尺间隔 l，当视距乘数 $K=100$ 时，读数误差将扩大 100 倍地影响距离测定。如读数误差为 1 mm，则对距离的影响为 0.1 m。因此，读数时应注意消除视差。

9. 标尺竖直误差

标尺立得不竖直对距离的影响与标尺倾斜度和竖直角有关。当标尺倾斜 1°，竖直角为 30°时，产生的视距相对误差可达 1/100。为减小标尺不竖直误差的影响，应选用安装圆水准器的标尺。

五、实训报告

根据丈量和观测数据，填写表 8-1 和表 8-2，并提交实训报告。

表 8-1   钢尺量距记录表

日期：_____ 班组：_____ 姓名：_____ 仪器编号：_____

线段	观测次数	整尺段/m	零尺段/m	总计/m	相对误差	平均值/m
AB	往测					
	返测					

表 8-2　　　　　　　　　　　经纬仪视距测量记录表

测站点:A　　测站高程:54.06 m　　仪器高 i:1.47 m　　指标差:+1′

日期:_____　　班组:_____　　姓名:_____　　仪器编号:_____

观测点	视距间隔/m	中丝读数/m	竖盘读数/(° ′ ″)	竖直角/(° ′ ″)	高差/m	水平角/(° ′ ″)	平距/m	高程/m	备注

思考与训练

1. 哪些因素会对钢尺量距产生误差？应注意哪些事项？

2. 什么是直线定线？量距时为什么要进行直线定线？如何进行直线定线？

3. 丈量 A、B 两点水平距离，用 30 m 长的钢尺，丈量结果为往测 4 尺段，余长为 10.250 m，返测 4 尺段，余长为 10.210 m，试进行精度校核，若精度合格，求出水平距离。（精度要求 $K_{容}=1/2\,000$）

4. 经纬仪安置的高低对竖直角有何影响？对高差有何影响？

技能实训九

罗盘仪定向与导线坐标方位角的推算

一、目的要求

1. 了解罗盘仪的构造与组成,掌握磁方位角的测定原理。

2. 能使用罗盘仪测定磁方位角,会推算导线坐标方位角。

二、实训准备

罗盘仪、标杆、记录板、书包等。

三、实训内容与步骤

(一)应知知识

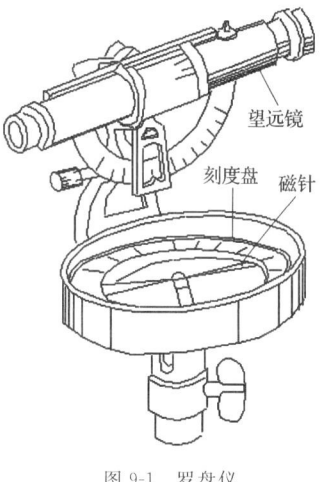

图 9-1 罗盘仪

罗盘仪是测定磁方位角的仪器,如图 9-1 所示,其主要部件有望远镜、刻度盘和磁针等。

1. 望远镜

望远镜是瞄准目标用的照准设备,一般为外对光式,对光时转动对光螺旋,望远镜物镜前后移动,使像与十字丝网平面重合,确保目标清晰。望远镜一侧装有竖直度盘,用来测量竖直角。

2. 刻度盘

刻度盘是由铜或铝制成的圆盘,最小分划为 1°或 30′,每 10°做一注记。注记形式有两种:一种是沿逆时针方向从 0°~360°注记,如图 9-2(a)所示,称为方位罗盘;另一种是南、北两端为 0°,向东、西两个方向注记到 90°,并注有 N(北)、E(东)、S(南)、W(西)字样,如图 9-2(b)所示,称为象限罗盘。使用罗盘测定直线方向时,刻度盘随着望远镜转动,而磁针始终指向南、北不动。为了在刻度盘上读出象限角,东、西注记与实际情况相反。同样,磁方位角沿顺时针方向从北起算,而方位罗盘的注记则自北沿逆时针方向注记。

(a) 方位罗盘　　　　　　　(b) 象限罗盘

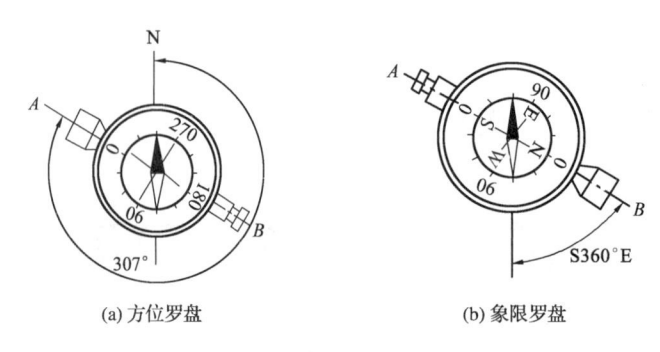

图 9-2　磁方位角的测定

3. 磁针

磁针是用人造磁铁制成的,其中心装有镶着玛瑙的圆形球窝,在刻度盘的中心装有顶针,球窝支在顶针上,可以自由转动。为了减少顶针的磨损和防止磁针脱落,不使用时应用磁针紧固螺旋将磁针固定。

罗盘盒内还装有互相垂直的两个水准器,用来整平罗盘仪。

4. 三脚架

三脚架由木或铝管制成,可伸缩,比较轻便。

(二)磁方位角的测定

用罗盘仪测定直线的磁方位角时,先将罗盘仪安置在直线的起点,对中、整平;松开磁针紧固螺旋,放下磁针;再松开水平制动螺旋,转动仪器;用望远镜照准直线的另一端点所立标志,待磁针静止后,其北端所指的刻度盘读数,即该直线的磁方位角(或磁象限角)。

(三)导线坐标方位角的推算

如图 9-3 所示,已知直线 12 的坐标方位角 α_{12},观测水平角 β_2 和 β_3,要求推算直线 23 和直线 34 的坐标方位角。

由图 9-3 可以看出

$$\alpha_{23}=360°-\alpha_{21}-\beta_2=\alpha_{12}+180°-\beta_2$$
$$\alpha_{34}=\beta_3-\alpha_{32}=\alpha_{23}-180°+\beta_3$$

β_2 在推算路线前进方向的右侧,该转折角称为右角 $\beta_右$;β_3 在左侧,称为左角 $\beta_左$。导线坐标方位角的一般公式为

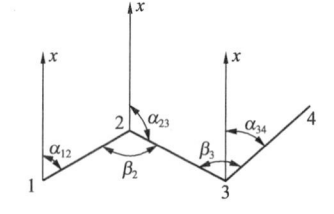

图 9-3　导线坐标方位角的推算

$$\alpha_前=\alpha_后-180°+\beta_左=\alpha_后+180°-\beta_右$$

计算中,如果 $\alpha_前>360°$,应减去 360°;如果 $\alpha_前<0°$,应加上 360°。

当独立建立直角坐标系,没有已知坐标方位角时,起始坐标方位角一般用罗盘仪来测定。

四、注意事项

1. 使用罗盘仪时,应避免磁铁接近仪器,测站点应避开高压线、车间、铁栅栏等,以免产生局部吸引,影响磁针偏转,造成读数误差。

2. 罗盘仪使用完毕,立即固定磁针,以防顶针磨损和磁针脱落。

思考与训练

1. 已知直线 AB 的坐标方位角为 255°00′，又推算得直线 BC 的象限角为 SW45°00′，试求小夹角∠ABC，并绘图表示。

2. 如图 9-3 所示，已知 $\alpha_{12}=50°30′$，$\beta_2=125°36′$，$\beta_3=121°36′$，求其余各边的坐标方位角。

3. 设已知各直线的坐标方位角分别为 47°27′、177°37′、226°48′、337°18′，试分别求出它们的象限角和反坐标方位角。

4. 已知某直线的象限角为 SW78°36′，求它的坐标方位角。

5. 试述罗盘仪的作用及使用时的注意事项。

技能实训十
GPS接收机静态观测

一、目的要求

1. 熟悉 GPS 接收机的基本组成。
2. 熟悉 GPS 接收机观测作业步骤和数据处理的方法。

二、实训准备

GPS 接收机、记录纸等。

三、实训内容与步骤

1. 安置天线

(1)安置天线于三脚架上,对中、整平。

(2)天线定向:将天线定向标志指向正北,其误差一般不超过5°。

(3)测量天线高:沿圆盘天线间隔120°的三个方向分别测量天线高,三次测量结果之差不应超过 3 mm,然后取其平均值。

(4)记录天气状况。

(5)将天线的电缆与仪器连接。

2. 开机观测

观测作业的主要目的是捕获 GPS 卫星信号,并对其进行跟踪、处理和测量,以获得所需要的定位信息和观测数据。

安置完天线后,在离天线适当位置的地面上安放 GPS 接收机,接好 GPS 接收机与电源、天线、控制器的电缆,经过预热和静置,即可启动 GPS 接收机进行观测。

GPS 接收机锁定卫星并开始记录数据后,观测员可按照仪器随机提供的操作手册进行输入和查询操作,但在未掌握有关操作系统前,不要随意按键和输入,且在正常接收过程中禁止更改任何设置参数。

3. 观测记录

在外业观测工作中,需记录所有信息。记录形式主要有存储介质记录和手簿记录两种。

四、注意事项

1. GPS 接收机是精密贵重仪器,操作时要格外小心。当确认电源、电缆及天线等均连接无误后,方可接通电源,启动 GPS 接收机。不懂之处应及时向教师请教,不得随意操作。

2. 开机后,GPS 接收机有关指示显示正常并通过自检后,方能输入有关测站和时段控制信息。

五、实训报告

根据 GPS 接收机观测数据,填写表 10-1,并提交实训报告。

表 10-1　　　　　　　　　　GPS 接收机野外测量手簿

日期:_____　　　天气:_____　　　测站名:_____
测站号:_____　　　等级:_____　　　观测者:_____

GPS 接收机号:_____　天线高:1:_____　2:_____　开始时间:_____　结束时间:_____

观测状况记录
电池_____
跟踪卫星_____
接收卫星_____
采样间隔_____
观测时间指示器_____

本点为:新建____等 GPS 点
　　　　____等 GPS 旧点
　　　　____等三角点
　　　　____水准点

技能实训十一

四等水准测量

一、目的要求

1. 能使用 DS₃ 微倾式水准仪、双面水准尺进行四等水准测量的观测、记录和计算。
2. 熟悉四等水准测量的主要技术指标,掌握测站及水准路线的检核方法。

二、实训准备

1. 仪器设备:DS₃ 微倾式水准仪(含三脚架)、双面水准尺、尺垫、测伞、记录手簿等。
2. 人员组织:每组由 4~6 人组成,轮流担任观测员。

三、实训内容与步骤

1. 以闭合水准路线为例,拟订施测路线,如图 11-1 所示,在教师的指导下,选一已知水准点作为高程起始点,记为 BM,选择一定长度(约 500 m)、一定高差的路线作为施测水准路线。一般设 6~8 站,1 人观测,1 人记录,2 人立尺,施测 1 或 2 站后应轮换工种。

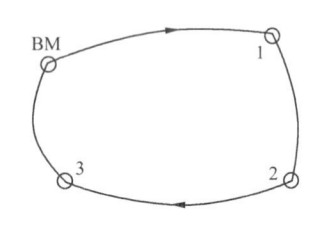

图 11-1 闭合水准路线

2. 在起点与第一个立尺点之间设站,按以下顺序观测:

后视黑面尺——精平,读取上、下丝读数;读取中丝读数;前视黑面尺——精平,读取上、下丝读数;读取中丝读数;

前视红面尺——精平,读取中丝读数;后视红面尺——精平,读取中丝读数。

这种观测顺序简称"后—前—前—后"。

3. 当观测记录完毕随即计算:①前、后视距(上、下丝读数差乘以 100,单位为 m);②前、后视距差;③前、后视距累积差;④基、辅分划读数差(同一水准尺的黑面读数+常数 k—红面读数);⑤基、辅分划所测高差之差;⑥高差中数。检查各项限差是否符合要求。

4.依次设站,用同样的方法施测其他各站。

5.全路线施测的计算与技术要求:

(1)四等水准测量计算的技术要求:

①后(前)视距=后(前)视尺(下丝一上丝)×100

式中:下(上)丝读数以米为单位,后(前)视距应≤100 m。

②后、前视距差=后视距一前视距,应≤3 m。

③视距累积差=前站累积差+本站视距差,应≤10 m。

④前(后)视黑、红面读数差=黑面读数+标尺常数一红面读数,应≤3 mm。

⑤黑(红)面高差=后视黑(红)读数一前视黑(红)读数;

黑、红面高差之差=黑面高差一[红面高差±0.1 m],应≤5 mm。

⑥高差中数={黑面高差+[红面高差±0.1 m]}/2。

⑦高差闭合差≤±20$\sqrt{L}$ mm,L以千米为单位。

(2)四等水准测量计算:

①路线总长(各站前、后视距之和)。

②各站前、后视距差之和(应与最后一站累积视距差相等)。

③各站后视读数和,各站前视读数和,各站高差中数之和(应为上两项之差的1/2)。

④路线闭合差(应符合限差要求)。

⑤各段高差改正数及各待定点的高程。

四、注意事项

1.一般注意事项与普通水准测量相同。

2.施测中每一站均需现场进行测站计算和校核,确认测站各项指标均合格后才能迁站。水准路线测量完成后,应计算水准路线高差闭合差,高差闭合差小于允许值方可收测,否则,应查明原因,返工重测。

3.实验中严禁专门化作业。小组成员的工种应进行轮换,保证每个人都能担任到每一项工种。

4.测站数一般应设置为偶数;为确保前、后视距离大致相等,可采用步测法;同时在施测过程中,应注意调整前、后视距,以保证前、后视距累积差不超限。

五、实训报告

根据四等水准测量数据,填写表11-1和表11-2,并提交实训报告。

表 11-1　　　　　　　　　　四等水准测量记录手簿

日期：_____　　天气：_____　　仪器型号：_____　　观测者：_____

测站点	点号	后尺 上丝/下丝	前尺 上丝/下丝	方向及尺号	水准尺读数/m 黑面	水准尺读数/m 红面	(k+黑−红)/m	高差中数/m
		后视距/m	前视距/m					
		视距差/m	累积差/m					
		(1)	(4)	后	(3)	(8)	(9)	
		(2)	(5)	前	(6)	(7)	(10)	
		(15)	(16)	后—前	(11)	(12)	(13)	(14)
		(17)	(18)					
				后				
				前				
				后—前				
				后				
				前				
				后—前				
				后				
				前				
				后—前				
				后				
				前				
				后—前				
验算								

注：$k_1=$　　　　　　　$k_2=$

表 11-2　　　　　　　　　　水准测量结果计算表

点号	距离/km	高差中数/m	改正数/mm	改正后高差/m	高程/m	备注
检核计算						

思考与训练

四等水准测量的各项限差有何要求?

技能实训十二

小区平面控制测量

一、目的要求

掌握平面控制测量的外业观测和内业计算。

二、实训准备

1. 仪器设备：经纬仪（含三脚架）、测距仪（含三脚架）、测伞、记录板、记录纸等。
2. 场地要求：1 km 长的闭合导线（6 个控制点）。
3. 人员组织：每组 4 人。

三、实训内容与步骤

（一）应知知识

测定控制点位置的工作称为控制测量。测定控制点平面位置(x,y)的工作称为平面控制测量。测定控制点高程(H)的工作称为高程控制测量。

在测区内将相邻控制点布设成连续的折线称为导线。构成导线的控制点称为导线点。导线测量就是依次测定各导线的边长和各转折角，根据起始数据，推算各导线边的坐标方位角，从而计算出各导线点的坐标。

用经纬仪测量转折角、用测距仪测量边长的导线称为经纬仪导线。

导线布设形式：闭合导线、附合导线、支导线等。

坐标计算的基本公式

$$\Delta x_{AB} = D_{AB}\cos\alpha_{AB}; \Delta y_{AB} = D_{AB}\sin\alpha_{AB}$$

$$x_B = x_A + \Delta x_{AB} = x_A + D_{AB}\cos\alpha_{AB}; y_B = y_A + \Delta y_{AB} = y_A + D_{AB}\sin\alpha_{AB}$$

（二）导线测量的外业工作

1. 踏勘选点：收集资料、勘察、选点。
2. 设标志：有临时性和永久性两种标志，导线点应统一编号。
3. 测量边长：按精度要求测量边长。
4. 测量转折角：在附合导线中，测左角或右角；在闭合导线中，测内角；对于图根导线，要分别观测左角和右角，以便检核。
5. 测量连接边和连接边角。

（三）内业计算过程

内业计算指根据已知点的坐标和已知边的坐标方位角以及所测导线的转折角和边长，计算导线各点的坐标。其流程为：角度闭合差的计算与调整—推算各边的坐标方位角—计算坐标增量及调整其闭合差—计算各导线点的坐标。

（四）附合导线的计算

附合导线的计算实例见表 12-1。

技能实训十二 小区平面控制测量

表 12-1　附合导线计算表

点号	左角 β/(° ′ ″) 观测值	改正后的角值	坐标方位角/(° ′ ″)	边长 D/m	边长增量计算值/m δ_x Δx	δ_y Δy	改正后的增量值/m $\Delta x'$	$\Delta y'$	坐标值/m x	y	备注
A			58 25 16						4 117.746	7 228.675	已知
B(1)	187 04 48	+7 187 04 55	65 30 11	94.246	+8 39.079	−7 85.762	39.087	85.755	4 165.827	7 306.899	已知
2	176 50 24	+8 176 50 32	62 20 43	76.262	+7 35.396	−5 67.550	35.403	67.545	4 204.914	7 392.654	
3	200 40 24	+8 200 40 32	83 10 15	72.895	+7 8.857	−5 72.355	8.864	72.350	4 240.317	7 460.199	
4	176 18 30	+8 176 18 38	79 19 53	79.378	+7 14.695	−5 78.006	14.702	78.001	4 249.181	7 532.549	
5	190 53 18	+8 190 53 26	90 13 19	78.205	+7 −0.303	−7 78.204	−0.296	78.197	4 263.883	7 610.550	
6(C)	186 06 18	+7 186 06 25	96 19 44						4 263.587	7 688.747	已知
D									4 247.377	7 787.424	已知
∑	1 117 53 42	1 117 54 28		400.986	97.724	381.877					

计算

$\sum \beta_{测} = 1\,117°53'42''$

$\sum \beta_{理} = \sum \beta_{测} - \alpha_{起} + n180° = 96°19'44'' - 58°25'16'' + 6 \times 180° = 1\,117°54'28''$

$f_\beta = \sum \beta_{测} - \sum \beta_{理} = -46''$

$f_{\beta 允} = \pm 36''\sqrt{6} = \pm 88''$

$f_\beta < f_{\beta 允}$，可以调整

$f_x = -0.036$　$f_y = 0.029$

$f = \sqrt{f_x^2 + f_y^2} = 0.046$

$k = f/\sum D = 1/8\,717 < 1/3\,000$

可以调整

四、实训报告

根据测量数据,填写表12-2和表12-3,计算结果并提交实训报告。

表12-2　　　　　　　　　　　导线测量外业记录

日期:＿＿＿＿　　天气:＿＿＿＿　　仪器型号:＿＿＿＿　　观测者:＿＿＿＿　　记录者:＿＿＿＿

测点	盘位	目标	水平度盘读数/(° ′ ″)	水平角/(° ′ ″)		示意图及边长
				半测回值	一测回值	
						边长名:＿＿＿＿ 第一次＝＿＿＿＿m 第二次＝＿＿＿＿m 平　均＝＿＿＿＿m
						边长名:＿＿＿＿ 第一次＝＿＿＿＿m 第二次＝＿＿＿＿m 平　均＝＿＿＿＿m
						边长名:＿＿＿＿ 第一次＝＿＿＿＿m 第二次＝＿＿＿＿m 平　均＝＿＿＿＿m
						边长名:＿＿＿＿ 第一次＝＿＿＿＿m 第二次＝＿＿＿＿m 平　均＝＿＿＿＿m
						边长名:＿＿＿＿ 第一次＝＿＿＿＿m 第二次＝＿＿＿＿m 平　均＝＿＿＿＿m
校核	内角和闭合差 $f=$					

表 12-3　　　　　　　　　　　导线坐标计算表

点号	实测内角/(° ′ ″)	角度改正数/(″)	改正后内角/(° ′ ″)	坐标方位角/(° ′ ″)	边长D/m	坐标增量计算值/m $\Delta x_{i(i+1)}$	$\Delta y_{i(i+1)}$	改正后的增量值/m $\Delta x_{i(i+1)}$	$\Delta y_{i(i+1)}$	坐标值/m x	y
Σ											

辅助计算

导线示意图

思考与训练

1. 导线的布设有哪几种形式？各有什么特点？
2. 已知导线各边的水平距离和坐标方位角，计算表 12-4 中各边的坐标增量 Δx、Δy。

表 12-4　　　　　　　　　　　坐标增量计算表

边号	坐标方位角/(° ′ ″)	边长/m	Δx/m	Δy/m
1	42　36　18	346.236		
2	135　27　36	227.898		
3	237　22　42	250.323		
4	336　48　54	156.432		

技能实训十三
经纬仪测绘地形图

一、目的要求

1. 掌握地物与地貌特征点的确定方法。
2. 掌握应用经纬仪配合分度规采用极坐标法测绘大比例尺地形图的方法。

二、实训准备

1. DJ_6 光学经纬仪(含三脚架)、塔尺、图板、量角器、三角板、小钢尺、测伞、小针数枚、橡皮、小刀、3H 或 4H 铅笔、2H 铅笔等。
2. 自备 A3 大小以上白纸 1 张,并在白纸上面事先精确绘制 10 cm×10 cm 方格 4~6 格。

三、实训内容与步骤

按 1∶500 测绘地形图的要求,每组每人完成至少 10 个碎部点的观测、绘图任务。

(一)地形与地物、地貌特征点的选择

在控制测量结束后,以控制点为测站,测出各地物、地貌特征点的位置和高程,按规定的比例选择碎部点。碎部点的正确选择是保证成图质量和提高测图效率的关键。碎部点应尽量选在地物、地貌的特征点上。测量地物时,碎部点应尽量选择决定地物轮廓的地形线上的转折点、交叉点、弯曲点及独立地物的中心点等,如房屋的角点、道路的转折点、交叉点、河岸线及地界线的转弯点,井的中心点等。测定这些点之后,将它们连接起来,即可得到与地物相似的轮廓图形。因为地物形状不规则,所以一般规定主要地物凹凸部分在地形图上大于 0.4 mm 时均应表示出来,在地形图上小于 0.4 mm 时可用直线连接。测量地貌时,碎部点应选择在最能反映地貌特征的山脊线、山谷线等地形线上,如山顶鞍部、山脊、山脚、谷底、谷口、沟底、沟口、洼地、河川、湖泊等的坡度和方向变化处。根据这些特征点的高程勾绘等高线,就能得到与实际地貌一致的地形图。

(二)经纬仪测绘地形图

1. 要求

后视方向要找一个距离相对远的点进行定向(原则是测量的距离不应大于定向边的距离)。定向完毕后要进行相应检核。

2. 一个测站上的测绘工作

如图 13-1 所示,测站点为 A,后视点为 B,仪器高 $i=1.45$ m,竖盘指标差 $\Delta x=0$,测站点高程 $H_A=264.34$ m。根据实地情况及本测站实测范围,与观测员、绘图员共同商定跑尺路线,然后依次将水准尺立在地物、地貌的特征点上。

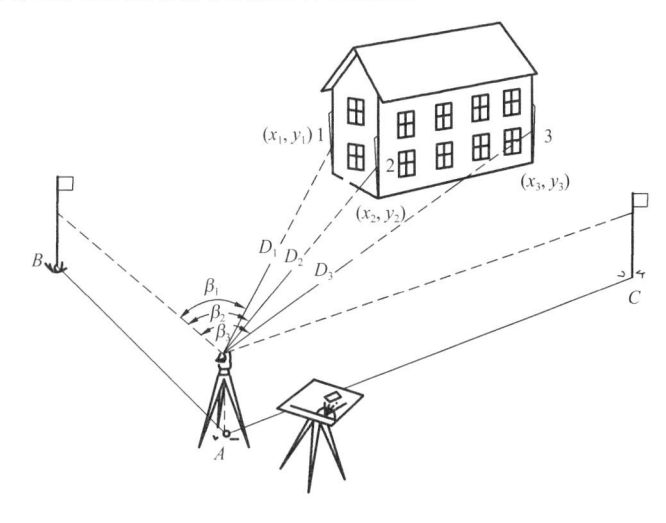

图 13-1 经纬仪测绘地形图原理

(1)安置仪器:首先在测站点 A 上安置经纬仪(包括对中、整平),测定竖盘指标差 Δx(一般应小于 $1'$),量取仪器高 i,设置水平度盘读数为 $0°00'$,后视另一控制点 B,则 AB 称为起始方向,记入手簿。

(2)将图板(一般用小平板)安置在测站近旁,目估定向,以便对照实地绘图。连接图上相应控制点 A、B,并适当延长,得图上起始方向线 AB。然后,用小针通过量角器圆心的小孔插在 A 点,使量角器圆心固定在 A 点。

(3)观测、记录与计算(表 13-1):观测员将经纬仪瞄准碎部点上的标尺,使中丝读数 $v \approx i$ 值附近,读取视距尺间隔,然后使中丝读数 $v=i$ 值(若条件不允许,也可以任意读取中丝读数 v),再读竖盘读数 L 和水平角 β,并依据公式计算水平距离 D 与高差 h。另外,每测 20~30 个碎部点后,应检查起始方向变化情况。要求起始方向度盘读数不得超过 $4'$。若超出,则应重新进行起始方向定向。

(4)展点、绘图:在观测碎部点的同时,绘图员应根据观测和计算出的数据,将碎部点方向的水平角角值对在起始方向线 AB 上,则量角器上零方向便是碎部点方向。然后沿零方向线按测绘图比例尺和所测的水平距离定出碎部点的位置,并在点的右侧注明其高程。用同样的方法,将所有碎部点的平面位置及高程绘于图上。然后参照实地情况,按《地形图图式》规定的符号及时将所测的地物和等高线在图上表示出来。在描绘地物、地貌时,应遵循以下原则:

①随测随绘,地形图上的线画、符号和注记一般在现场完成,随时检查所绘地物、地貌与实地情况是否相符,有无漏测,及时发现和纠正问题,真正做到点点清、站站清。

②地物描绘与等高线勾绘,必须按《地形图图式》规定的符号和定位原则及时进行,对于不能在现场完成的绘制工作,应在当日内业工作中完成,要求做到天天清。有些测站点未完成的绘制工作,也应在整体测完后马上进行。

③为了相邻图幅的拼接,一般每幅图应测出图廓外 5 mm。

四、注意事项

1. 测竖直角时一定要用中丝准确切准目标,读取竖盘读数时注意使竖盘指标水准管气泡居中。

2. 极坐标法施测碎部点,视距读数由观测员一次读出,读后不要忘记读取中丝读数。

3. 随时检查"0"方向,若"0"方向变动在 $4'$ 以内,则允许重新配"0";若"0"方向变动超过 $4'$,则前区间的测点结果作废。

4. 随时整平仪器,但一经重新整平则需重新检查"0"方向。若"0"方向变动超过 $4'$,则前区间的测点结果作废。

5. 记录应保持干净、整洁,计算应准确、完整。

6. 当目标高、标志被遮住时,可任意切取目标高,按公式 $h = h' + i - v$ 计算高差。

7. 图上的点数应与记录的点数相符。

8. 测定碎部点只用竖盘盘左位置,故观测前需校正竖盘指标差,使其小于 $1'$。

9. 各岗位人员工作时要密切配合与协作,确保测图质量和提高工作效率。

10. 限差要求:经纬仪测距误差(mm)$\leqslant \pm 0.05M$(M 为比例尺分母),基本等高距误差$\leqslant \pm 0.5$ m。

五、实训报告

1. 实训报告见表 13-1。

表 13-1　　　　　　　　经纬仪测绘地形图记录表

观测点	视距间隔/m	中丝读数/m	竖盘读数/(° ′)	竖直角/(° ′)	高差/m	水平角/(° ′)	水平距离/m	高程/m	备注

2. 每组提交实训"地形图"一张。

思考与训练

1. 勾绘等高线时应注意哪些问题？
2. 测量地物时，比例符号、非比例符号、线性符号分别在什么情况下使用？观测一定数量碎部点后，为什么要检查图板的方向？应如何进行？
3. 碎部点的选择应遵循什么原则？
4. 测一个碎部点需观测哪些数据？
5. 简述在一个测站上进行碎部点测量的工作要点。
6. 什么叫地形图、地形图比例尺、地形图的精度？

技能实训十四

全站仪测绘大比例尺数字地形图（选做）

一、目的要求

1. 熟悉全站仪测图的基本原理和基本方法。
2. 熟悉数字化地形图的测绘工序，熟悉草图的绘制方法。
3. 能使用 CASS 软件进行数字化地形图的编制工作。

二、实训准备

全站仪（含三脚架）、对中杆棱镜、小钢尺、皮尺、测伞等。

三、实训内容与步骤

1. 按 1∶500 测地形图的要求，每组完成至少 100 个碎部点的观测任务。
2. 大比例尺数字化测图的作业过程分为数据采集、数据处理、数据输出三个步骤。

（1）数据采集：采用不同的作业方法，采集、存储碎部点三维坐标，生成数字化成图软件能够识别的坐标格式文件，或带简码格式的坐标数据文件。

（2）数据处理：设置通信参数，采用通信电缆和命令，将坐标数据文件输入计算机，启动数字化成图软件，编辑地物、地貌，注记文字，图幅整饰，加载图框，生成地形图文件。

（3）数据输出：与自动绘图仪连接，启动打印命令，将地形图文件输出，打印成地形原图。

大比例尺数字化测图的作业流程如图 14-1 所示。

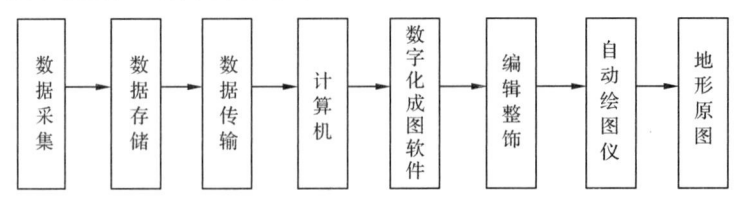

数据采集 → 数据存储 → 数据传输 → 计算机 → 数字化成图软件 → 编辑整饰 → 自动绘图仪 → 地形原图

图 14-1　大比例尺数字化测图的作业流程

3.数据采集操作步骤如下：

数据采集菜单操作流程如图14-2所示，仪器设置操作流程如图14-3所示。

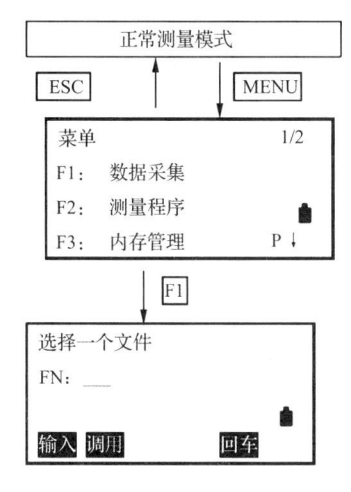

图 14-2　数据采集菜单操作流程

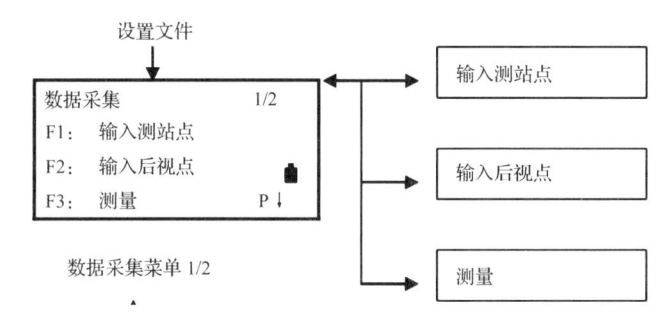

图 14-3　仪器设置操作流程

（1）安置仪器：

在测站上安置仪器、对中、整平后，量取仪器高，打开电源开关，转动望远镜，使全站仪进入观测状态，再按 MENU 菜单键，进入主菜单。

（2）输入数据采集文件：

选择文件：按 F1（输入）键，新建一个工程文件；按 F2（调用）键，调用旧文件（未完成工程的文件）。

（3）输入测站点数据：

测站点的数据包括测站点的坐标、高程、仪器高、棱镜高。

（4）设置后视点：

①全站仪定向方法一：

用坐标定向，在全站仪中输入定向点坐标，精确瞄准定向点处的对中杆（尽量靠底部，以削弱目标偏心的影响），然后进行定向（不同全站仪的操作方法有所不同）。

定向操作完成后，此时全站仪水平角读数显示的值应该等于该方向的水平角，然后精确瞄准对中杆棱镜，直接测定定向点坐标，依据全站仪屏幕显示结果与已知定向点坐标进行比较，满足要求后可以开始作业。

②全站仪定向方法二：

用方位角定向,在全站仪中直接输入定向方向的方位角值,并精确瞄准定向点处的对中杆,确认后即可。

(5)碎部点测量:

本步骤进行待测点测量,并存储数据。由于厂家和型号的不同,全站仪使用方法应根据说明书进行相应操作。下面简单介绍 NTS-362 型全站仪采集数据的方法。

①设置测站点:

可利用内存中的坐标数据来设置或直接由键盘输入。利用内存中的坐标数据来设置测站点的操作步骤见表 14-1。

表 14-1　　　　　　　　　　　　　设置测站点

操作过程	显示
(1)由数据采集菜单1/2,按 F1 键,即显示原有数据	点号　　　->PT-01 标识符:＿＿＿＿ 仪高: 0.000 m 输入　查找　记录　测站
(2)按 F4 键	测站点 点号: PT-01 输入　调用　坐标　回车
(3)按 F1 键	测站点 点号: PT-01 回退　空格　数字　回车
(4)输入点号,按 F4 键*1)	点号　　　->PT-11 标识符:＿＿＿＿ 仪高: 0.000 m 输入　查找　记录　测站
(5)输入标识符,仪高*2)*3)	点号　　　->PT-11 标识符: 仪高: 1.235 m 输入　查找　记录　测站
(6)按 F3 键	点号　　　->PT-11 标识符: 仪高->　1.235 m 输入　查找　记录　测站 >记录　　　　　　[是] 　　　　　　　　　[否]
(7)按 F3 键,显示屏返回数据采集菜单1/3	数据采集　　　　　1/2 F1:输入测站点 F2:输入后视点 F3:测量　　　　　P↓

注:1. 如果不需要输入仪高(仪器高),则可按 F3 键。

2. 在数据采集中存入的数据有点号、标识符和仪高。

3. 如果在内存中找不到给定的点,则在显示屏上就会显示"该点不存在"。

②设置后视点：

通过输入点号设置后视点将后视定向角数据寄存在仪器内，见表14-2。

表 14-2　　　　　　　　　　　　　　　　　设置后视点

操作过程	显示
(1)由数据采集菜单1/2,按F2键,即显示原有数据	后视点　－＞ 编码： 镜高：　0.000 m 输入　置零　测量　后视
(2)按F4键*1)	后视 点号　－＞ 输入　调用　NE/AZ ［回车］
(3)按F1键	后视 点号： 回退　空格　数字　回车
(4)输入点号,按F4键 *2) 按同样方法,输入点编码,反射镜高*3)*4)	后视点　－＞PT－22 编码： 镜高：　0.000 m 输入　置零　测量　后视
(5)按F3键	后视点　－＞PT－22 编码： 镜高：　0.000 m 角度　*斜距　坐标　－－－
(6)照准后视点 选择一种测量模式并按相应的软键 例：F2键 进行斜距测量,根据定向角计算结果设置水平度盘读数,测量结果被寄存,显示屏返回到数据采集菜单1/2	V：90°00′00″ HR：0°00′00″ SD* ＜＜＜ m ＞测量… 数据采集　　　　1/2 F1：输入测站点 F2：输入后视点 F3：测量　　　　P↓

注：每次按F3键,输入方法就在坐标值、设置角和坐标点之间交替变换,如果在内存中找不到给定的点,则在显示屏上就会显示"该点不存在"。

③碎部测量：

碎部测量就是进行待测点测量，并存储数据，见表14-3。

表14-3　　　　　　　　　　　　　　碎部测量

操作过程	显示
(1)由数据采集菜单1/2,按 F3 键,进入待测点测量状态	数据采集　　　　　1/2 F1:测站点输入 F2:输入后视 F3:测量　　　　　P↓ 点号 —> 编码： 镜高： 0.000 m 输入　查找　测量　同前
(2)按 F1 键,输入点号后 *1),按 F4 键确认	点号 = PT-01 编码： 镜高： 0.000 m 回退　空格　数字　回车 点号 = PT-01 编码 —> 镜高： 0.000 m 输入　查找　测量　同前
(3)按同样方法输入编码,棱镜高 *2)	点号： PT-01 编码 —> SOUTH 镜高： 1.200 m 输入　查找　测量　同前 角度　*斜距　坐标 偏心
(4)按 F3 键	
(5)照准目标点	
(6)按 F1 到 F3 中的一个键 *3) 例： F2 键 开始测量 数据被存储,显示屏变换到下一个镜点	V： 90°00′00″ HR： 0°00′00″ SD*[n] <<< m >测量… <完成>
(7)输入下一个镜点数据并照准该点	点号 —>PT-02 编码：SOUTH 镜高： 1.200 m 输入　查找　测量　同前

(续表)

操作过程	显示
(8)按 F4 键 按照上一个镜点的测量方式进行测量 测量数据被存储 按同样方式继续测量 按 ESC 键即可结束数据采集模式	V： 90°00′00″ HR： 0°00′00″ SD ＊[n]　　＜＜＜ m ＞测量… ＜完成＞ 点号　－＞PT－03 编码：　SOUTH 镜高：　1.200 m 输入　查找　测量　同前

注：1.点编码可以通过输入编码库中的登记号来输入，为了显示编码库文件内容，可按 F2 键。
　　2.符号"＊"表示先前的测量模式。

2.传输数据与成图

室内将外业采集的坐标数据配合相应传输软件将全站仪保存的坐标传输到计算机，然后用相应数字化成图软件（如南方 CASS 9.0、开思等）在 CAD 环境下对照外业所绘制的草图或者编码进行展点与绘图。

四、实训报告

根据全站仪观测数据，填写表 14-4，计算结果并提交实训报告。

表 14-4　　　　　　　　　　全站仪碎部点坐标记录表

日期：＿＿＿＿　　天气：＿＿＿＿　　仪器型号：＿＿＿＿　　观测者：＿＿＿＿　　记录者：＿＿＿＿
测站点：＿＿＿＿　定向点：＿＿＿＿　仪器高：＿＿＿＿　　测站高程：＿＿＿＿

点号	碎部点坐标/m		碎部点 高程/m	备注	点号	碎部点坐标/m		碎部点 高程/m	备注
	x	y				x	y		

思考与训练

1. 试比较使用全站仪的坐标观测快捷键进行坐标观测和数据采集的区别。
2. 全站仪数据如何传输到计算机中?

技能实训十五 土方量的测量与计算

一、目的要求

掌握土方量测量与计算的方法。

二、实训准备

1. 仪器设备：经纬仪(含三脚架)、全站仪(含三脚架)、水准仪(含三脚架)、测伞、记录板、记录纸等。
2. 人员组织：每组 4 人。

三、实训内容与步骤

将施工场地的自然地表按要求整理成一定高程的水平地面或一定坡度的倾斜地面的工作称为平整场地。在平整场地的工作中，为使填、挖土方量基本平衡，常要利用地形图确定填、挖边界和进行填、挖土方量的概算。土方量的计算方法有等高线法、断面法和方格网法等，其中方格网法是平整场地常用的一种方法。

1. 等高线法

先量出各等高线所包围的面积，相邻两等高线包围的面积的平均值乘以等高距，就是两等高线间的体积(土方量)。

(1)计算施工场地范围内每一整等高线围成的面积。

(2)体积＝(上底面积＋下底面积)×高/2，其中，高为上、下底的相对高差。

2. 断面法

在施工场地的范围内，以一定的间隔绘出断面图，求出各断面由设计高程线与地面线围成的填、挖面积，然后计算相邻断面间的土方量，最后求和即总土方量。

3. 方格网法(平整场地)

(1)打方格：在拟施工的范围内打上方格，方格的边长取决于地形和要求估算土方量的精度，一般取 10 m×10 m、20 m×20 m 和 50 m×50 m。

(2)确定各个方格的高程：根据等高线确定各方格顶点的高程，并注记在各顶点的上方；

把每个方格 4 个顶点的高程相加,除以 4 得到每个方格的平均高程。

(3)确定设计高程:把各个方格的平均高程相加,除以方格数,即得设计高程。

说明:求得的设计高程,可使填、挖方量基本平衡。在地形图中按内插法绘出设计高程的等高线,即填、挖的分界线,又称为零线。

(4)计算填、挖高度(施工高度):$h=H_{地}-H_{设}$(h 正为挖、负为填)

说明:分别计算网格角点、边点、拐点及中点位置高差。

(5)计算填、挖方量

方法一 ①用公式 $V=S\times h$ 计算 4 个顶点均为正的各个方格的挖方量。

②同理,计算 4 个顶点均为负的各个方格的填方量。

③分别计算填、挖分界线上 4 个顶点有正有负的各个方格的挖方量和填方量。

④将挖方量和填方量分别相加,计算总挖方量和总填方量。

方法二 角点:$V=h\times A/4$ 边点:$V=h\times 2A/4$ 拐点:$V=h\times 3A/4$ 中点:$V=h\times 4A/4$

式中,A 为方格的面积。

将填方和挖方分开求和 $\sum V$,得总填方量和总挖方量。

说明:①由角点高差计算体积代表 1/4 网格范围;由边点高差计算体积代表 2/4 网格范围;由拐点高差计算体积代表 3/4 网格范围;由中点高差计算体积代表 4/4 网格范围。

②填、挖分界线所在网格应先分别计算填、挖部分平均高差及面积,再计算体积。

③将所得的填、挖方量各自相加,即得总填、挖方量,两者应基本相同。

四、实训报告

根据观测数据和计算结果填写表 15-1,并提交实训报告。

表 15-1　　　　　　　　　　土方量计算实训报告

日期:_____　班级:_____　组别:_____　姓名:_____　学号:_____

实训项目	土方量计算		成绩	
实训目的				
主要仪器及工具				
计算数据	区域面积:_____		设计高程:_____	
	挖方量:_____		填方量:_____	

实训总结:

思考与训练

1. 土方量的计算方法有_____、_____和_____等。
2. 计算土方量的步骤有哪些？
3. 如何确定填、挖分界线和设计高程？

技能实训十六

设计高程的测设

一、目的要求

掌握设计高程的测设方法。

二、实训准备

1. 仪器设备：水准仪（含三脚架）、水准尺、测伞、记录板、记录纸等。
2. 人员组织：每组 4 人。

三、实训内容与步骤

设计高程的测设是根据已知水准点，在现场标定出某设计高程的位置。

如图 16-1 所示，设某建筑物室内地坪的设计高程为 $H_{B设}=31.495$ m，附近一水准点 A 的高程为 $H_A=31.345$ m，现将室内地坪的设计高程测设在木桩 B 上，则 B 点上应读的前视读数为

$$b_{应}=(H_A+a)-H_{B设} \tag{16-1}$$

测设步骤如下：

1. 将水准仪安置在水准点 A 与木桩 B 之间，尽量使前、后视距相等（必要时还需设置转点），在水准点 A 上读取后视读数 $a=1.050$ m。
2. 计算水准仪的视线高 H_i 及在木桩 B 上的前视读数 $b_{应}$

$$H_i=H_A+a=31.345+1.050=32.395 \text{ m}$$
$$b_{应}=H_i-H_{B设}=32.395-31.495=0.900 \text{ m}$$

3. 将水准尺靠在木桩 B 的一侧上下移动，当水准仪水平视线正好为 $b_{应}=0.900$ m 时，在木桩侧面沿水准尺底边画一横线，即室内地坪设计高程的位置。
4. 校核：测量测设点和已知点，或测设点之间的高差，以做校核。

当向较深的基坑或较高的建筑物上测设已知高程点时，如果水准尺的长度不够，可利用钢尺向下或向上引测。

如图 16-2 所示，欲在深基坑内设置一点 B，使其高程为 $H_{B设}$，附近一水准点 A 的高程

为 H_A。施测时，用检核过的钢尺，挂一个与要求拉力相等的重锤于支架上，钢尺零点一端向下，分别在高处和低处设站，读取图 16-2 中所示水准尺读数 a_1、b_1 和 a_2、b_2，由此，可求得低处 B 点水准尺上的读数为

$$b_{应}=(H_A+a_1)-(b_1-a_2)-H_{B设} \tag{16-2}$$

用同样的方法，可从低处向高处测设已知高程的点。

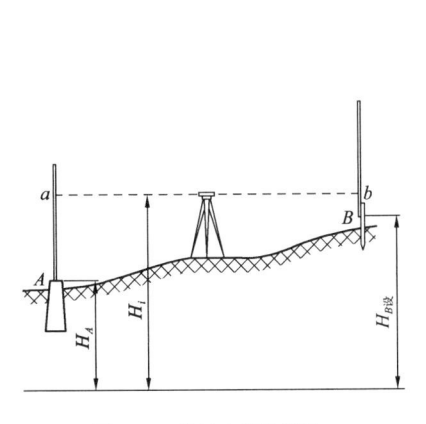

图 16-1　设计高程的测设

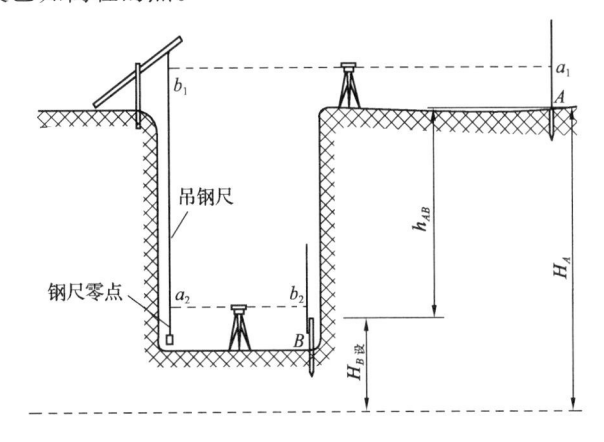

图 16-2　高程传递法

四、实训报告

根据测设数据填写表 16-1，并提交实训报告。

表 16-1　　　　　　　　　　设计高程测设实训记录表

日期：＿＿＿＿　天气：＿＿＿＿　仪器型号：＿＿＿＿　观测者：＿＿＿＿　记录者：＿＿＿＿

实训项目	
实训目的	
主要仪器工具	

(1) 已知高程的放样过程

(2) 已知坡度的放样过程

(3) 实训总结

思考与训练

1. 应用水准测量方法放样高程时,首先应将_____控制点以必要的精度引测到施工区域,建立_____水准点。

2. 在此次测设中,放样Ⅰ点的顺序是:

(1)将水准仪安置在_____与放样点Ⅰ之间,尽量使前、后视距相等,在已知点A上竖立水准尺,水准仪_____后,照准_____水准尺,读取水准尺的中丝读数a_1,并根据公式_____计算出竖立在Ⅰ点上的水准尺读数(中丝读数)b_1。

(2)水准仪转向前视,照准Ⅰ点上的水准尺,将水准尺贴靠在Ⅰ点的一侧。当_____居中时,Ⅰ点上的水准尺_____移动,当中丝读数为b_1时,此时水准尺的底部就是所需要放样的高程点。

3. 建筑场地上水准点A的高程为89.754 m,欲在待建房近旁的电杆上测设出(±0的设计高程为90.000 m),作为施工过程中检测各项标高之用。设水准仪在水准点A所立水准尺上的读数为1.847 m,试绘图说明测设方法。

技能实训十七 已知水平距离的测设

一、目的要求

能根据已知水平距离进行测设。

二、实训准备

1. 仪器设备：钢尺或测距仪、记录板、记录纸等；若选用测距仪，还需要三脚架、棱镜、测伞。
2. 人员组织：每组 4 人。

三、实训内容与步骤

已知水平距离的测设是指根据给定的起点和方向，按设计要求的水平距离，标定出这段距离的另一端点。已知水平距离的测设的基本方法如下：

1. 钢尺测设

如图 17-1 所示，设 A 为地面上的已知点，D 为设计的水平距离，要在地面上沿给定方向 AB 测设水平距离 D。具体步骤是从 A 点开始，沿 AB 方向边定线边丈量，按设计长度 D 在地面上定出 B' 点的位置。为便于检核，往、返丈量水平距离 AB'，在精度符合要求后，根据丈量结果 D' 将 B' 点进行调整，求得 B 点的最后位置。调整改正时，先求改正数 $\Delta D = D - D'$，若 ΔD 为正，则向外改正；反之，则向内改正。

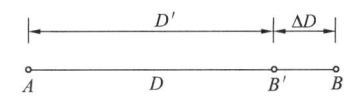

图 17-1 钢尺测设水平距离

2. 光电测距仪测设

如图 17-2 所示，首先在 A 点安置光电测距仪，将反光棱镜在已知方向上前后移动，使仪器显示距离略大于测设值，定出 B' 点。然后在 B' 点安置反光棱镜，测出竖直角 α 及斜距 L（必要时加气象改正），计算水平距离

$$D' = L\cos\alpha \tag{17-1}$$

从而求出 D' 与应测设的水平距离 D 之差,即改正数 $\Delta D = D' - D$,根据 ΔD 将 B' 点改正到 B 点,并用木桩标定 B 点位置。最后将反光棱镜安置于 B 点,再实测 AB 水平距离,若精度达不到要求,则进行调整改正,直到符合限差。

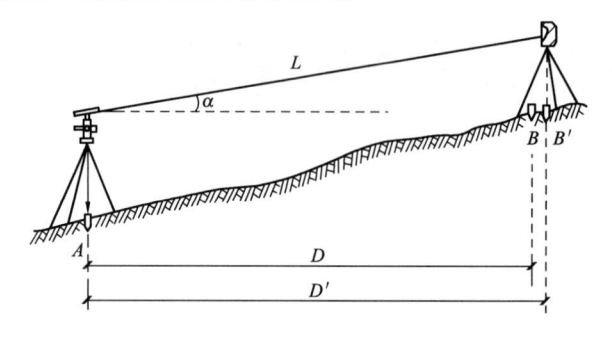

图 17-2 光电测距仪测距

思考与训练

试述已知水平距离的测设的基本方法。

技能实训十八
已知水平角的测设

一、目的要求

掌握根据已知水平角进行测设的方法。

二、实训准备

1. 仪器设备：经纬仪(含三脚架)、测伞、记录板、记录纸等。
2. 人员组织：每组 3 人。

三、实训内容与步骤

已知水平角测设是根据水平角的一个已知方向和设计水平角角值，将水平角的另一个方向测设在地面上。

1. 一般方法

如图 18-1 所示，设 OA 为地面上的已知方向线，要在 O 点以 OA 为起始方向，沿顺时针方向测设出给定的水平角 β。当测设精度要求不高时，可采用盘左、盘右取中数的方法。其测设步骤是：将经纬仪安置于 O 点，盘左位置，将水平度盘配置为 $0°00'00''$，瞄准 A 点，然后沿顺时针方向旋转照准部，使水平度盘读数为 β，沿视线方向在地面上定出 C' 点；纵转望远镜为盘右位置，重复以上操作，沿视线方向标出 C'' 点，若 C'、C'' 两点不重合，则取 C'、C'' 两点的中点 C，OC 即测设方向。

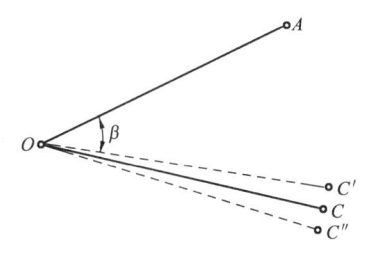

图 18-1　直接测设水平角

2. 精密方法

如图18-2所示,若测设水平角的要求较高,则可按以下步骤进行:

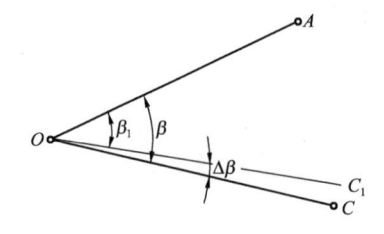

图 18-2 精确测设水平角

(1)用一般方法先定出 C_1 点。

(2)用测回法对 $\angle AOC_1$ 进行精密测量,测量结果为 β_1,并求出 $\Delta\beta=\beta-\beta_1$,若超过限差($\pm10''$),则需进行改正。

(3)量取 OC 的水平距离,计算改正值 C_1C

$$C_1C = OC\tan\Delta\beta \tag{18-1}$$

(4)过 C_1 点作 OC_1 的垂线,再从 C_1 点沿垂线方向量取 C_1C,定出 C 点。若 $\Delta\beta$ 为正,则向外调整,反之,则向内调整。OC 即测设方向。

3. 简易方法

在施工现场,若测设精度要求较低,则可以采用简易方法,即利用钢尺根据勾股定理等测设已知水平角的方法。

思考与训练

1. 试述已知水平角的测设的基本方法。

2. 欲测设 $\angle AOB = 135°00'00''$。用一般方法测设后,又精确地测得其角值为 $135°00'24''$。设 $OB=96.00$ m,问 B 点应在垂直于 OB 方向上移动多少距离?并画图标出 B 点的移动方向。

技能实训十九

全站仪坐标测量和放样

一、目的与要求

1. 能用全站仪测量点的坐标；能进行控制测量、地形图测绘、竣工图测绘。
2. 掌握全站仪测定地面点坐标方法和操作步骤，建筑物的定位、放线等施工测量。

二、实训仪器设备和人数

仪器设备：全站仪、反射棱镜、对中杆及记录板一块、记录纸若干。
实训人数：3~5人。

三、实训内容与步骤

根据测站点的三维坐标及测站点至后视点的坐标方位角，测量空间一点的三维坐标。对中误差≤±3 mm，水准管气泡偏差≤1格。

(一)应知知识

三维坐标测量的原理：

如图19-1所示，B 为测站点，A 为后视点，已知 A、B 两点的坐标分别为 (N_A,E_A,Z_A) 和 (N_B,E_B,Z_B)，用全站仪测量测点1的坐标 (N_1,E_1,Z_1)。

点的坐标可按下列公式计算出

$$\left.\begin{array}{l} N_1=N_B+S\cdot\cos\tau\cdot\cos\alpha \\ E_1=E_B+S\cdot\cos\tau\cdot\sin\alpha \\ Z_1=Z_B+S\cdot\sin\tau+i-l \end{array}\right\}$$

式中　N_1、E_1、Z_1——测点1的坐标值；

N_B、E_B、Z_B——测站点 B 的坐标值；

S——测站点 B 至测点1的斜距；

τ——测站点 B 至测点1方向的竖直角；

α——测站点 B 至测点1方向的坐标方位角；

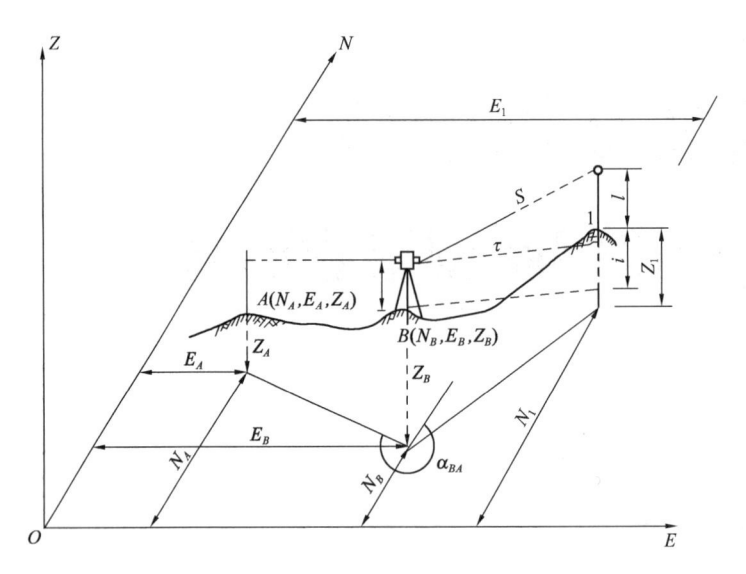

图 19-1 三维坐标测量的原理

i——仪器高；

l——目标高(棱镜高)。

说明：1.由 A、B 两点的坐标计算出 $B-A$ 边的坐标方位角；测设测站点 B 至测点 1 的斜距、测站点 B 至测点 1 方向的水平角及竖直角；计算 $B-1$ 边的坐标方位角 α。

2.实际上，将测站点 B 和后视点 A 坐标输入仪器后，瞄准后视点 A，通过操作键盘，将水平度盘读数设置为该方向的坐标方位角，此时水平度盘读数就与坐标方位角角值相同；当用仪器瞄准 1 点时，显示的水平度盘读数就是测站点 B 至 1 点的坐标方位角。

3.上述计算是由仪器中的软件计算的，通过操作键盘即可直接得到测点的三维坐标。

(二)坐标测量

1.坐标测量前的准备工作

(1)电池充足电。

(2)仪器正确地安置在测点上。

(3)不同型号的全站仪的操作方法会有较大的差异，需仔细阅读全站仪使用说明书。

2.坐标测量的步骤

(1)设定测站点的三维坐标。

(2)设定后视点的坐标或设定后视方向的水平度盘读数为其坐标方位角。当设定后视点的坐标时，全站仪会自动计算后视方向的坐标方位角，并设定后视方向的水平度盘读数为其坐标方位角。

(3)设置棱镜常数。

(4)设置大气改正值或气温、气压值。

(5)测量仪器高、棱镜高并输入全站仪。

(6)照准目标棱镜，按坐标测量键，全站仪开始测距并计算、显示测点的三维坐标。

(7)提交全站仪使用手簿坐标结果表。

(三)坐标放样

1. 全站仪的安置与定向同坐标测量。

2. 建站完成后,需校核建站是否正确,操作方法如下:将棱镜安置在另一个控制点 D 上,用全站仪测量 D 点的坐标。如果实测坐标与给定坐标在误差范围内,则说明建站正确;否则,应重新建站。

3. 进入坐标放样界面,输入待放样点 C 的坐标并确认,根据仪器的提示,将仪器旋转到指定方向,使显示屏上的水平度盘显示为 $0°00'00''$,固定仪器,将棱镜安置在全站仪指示的方向线上,并根据主操作手的指挥,使棱镜中心对准全站仪的十字丝交点,按坐标测量键,根据提示数据,前后移动棱镜,使显示屏上的调整距离显示为 0.000 m,此点即测点 C 的位置。

注意事项

1. 望远镜不可以对准太阳测距,太阳光会烧毁测距接收器。

2. 全站仪属于精密贵重测量仪器,要防日晒、雨淋、碰撞和震动。

四、实训报告

根据全站仪测量数据填写表 19-1 和表 19-2,并提交实训报告。

表 19-1　　　　　全站仪使用手簿坐标结果表

日期:＿＿＿＿＿　　天气:＿＿＿＿＿　　仪器型号:＿＿＿＿＿　　姓名:＿＿＿＿＿

测站点点号:＿＿＿＿($x=$＿＿＿＿,$y=$＿＿＿＿)
定向点点号:＿＿＿＿($x=$＿＿＿＿,$y=$＿＿＿＿)

点号	x	y

表 19-2　　　　　全站仪坐标放样观测手簿

仪器:＿＿＿　天气:＿＿＿　观测时间:＿＿＿　观测员:＿＿＿　成绩:＿＿＿

点号	x	y	测设误差	
			x测$-x$理	y测$-y$理
测站点				
后视点				
测点 A				
测点				

思考与训练

1. 试述全站仪的结构原理。
2. 全站仪测量主要误差包括哪些？应如何消除？
3. 全站仪为什么要进行气压、温度等参数设置？
4. 试分析全站仪的测距误差和测角误差。

技能实训二十 建筑物点的平面位置的测设

一、目的要求

能对建筑物平面位置进行测设。

二、实训准备

1. 仪器设备：全站仪（含三脚架）、经纬仪（含三脚架）、测伞、记录板、记录纸等。
2. 人员组织：每组 4 人。

三、实训内容与步骤

建筑物平面位置的测设方法有直角坐标法、极坐标法、角度交会法和距离交会法等。应根据控制网的形式、地形、现场条件及精度要求等因素来确定测设方法。下面主要介绍极坐标法。

1. 极坐标法

极坐标法是根据一个水平角和一段水平距离，测设点的平面位置。极坐标法适用于量距方便，且测点距控制点较近的建筑施工场地。

如图 20-1 所示，A、B 为已知平面控制点，其坐标分别为 $A(x_A, y_A)$、$B(x_B, y_B)$，P 点为建筑物的一个角点，其坐标为 $P(x_P, y_P)$。现根据 A、B 两点，用极坐标法测设 P 点，其测设数据计算方法如下：

（1）计算坐标方位角 α_{AB} 和 α_{AP}。

$$\alpha_{AB} = \arctan \frac{\Delta y_{AB}}{\Delta x_{AB}}, \quad \alpha_{AP} = \arctan \frac{\Delta y_{AP}}{\Delta x_{AP}}$$

注意：每条边在计算时，应根据 Δx 和 Δy 的正负情况，判断该边所属象限。

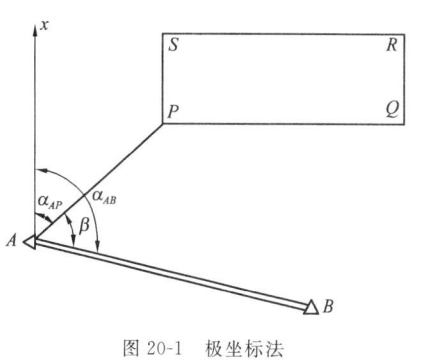

图 20-1 极坐标法

(2)计算 AP 与 AB 之间的夹角 β。
$$\beta = \alpha_{AB} - \alpha_{AP}$$

(3)计算 A、P 两点间的水平距离 D_{AP}。
$$D_{AP} = \sqrt{(x_P - x_A)^2 + (y_P - y_A)^2} = \sqrt{\Delta x_{AP}^2 + \Delta y_{AP}^2}$$

例 已知 $x_P = 370.000$ m, $y_P = 458.000$ m, $x_A = 348.758$ m, $y_A = 433.570$ m, $\alpha_{AB} = 103°48'48''$, 试计算测设数据 β 和 D_{AP}。

解 $\alpha_{AP} = \arctan\dfrac{\Delta y_{AP}}{\Delta x_{AP}} = \arctan\dfrac{458.000 - 433.570}{370.000 - 348.758} = 48°59'34''$

$\beta = \alpha_{AB} - \alpha_{AP} = 103°48'48'' - 48°59'34'' = 54°49'14''$

$D_{AP} = \sqrt{(370.000 - 348.758)^2 + (458.000 - 433.570)^2} = 32.374$ m

2. 点位测设方法

(1)在 A 点安置经纬仪,瞄准 B 点,沿逆时针方向测设 β,定出 AP 方向。

(2)沿 AP 方向自 A 点测设水平距离 D_{AP},定出 P 点,做出标志。

(3)用同样的方法测设 Q、R、S 点。全部测设完毕后,检查建筑物四角是否等于90°,各边长是否等于设计长度,其误差均应在限差以内。

同样,在测设距离和角度时,可根据精度要求分别采用一般方法或精密方法。

四、实训报告

根据测设数据,填写表20-1,并提交实训报告。

表 20-1 极坐标法测设点平面位置实训报告

日期:_____ 天气:_____ 仪器型号:_____ 观测者:_____ 记录者:_____

实训项目	
实训目的	
主要仪器工具	

测设计算
测站点_____的坐标:x=_____ m,y=_____ m
后视点_____的坐标:x=_____ m,y=_____ m
待放样点_____的坐标:x=_____ m,y=_____ m
经计算得:测设水平角 β=_____ m,水平距离 D=_____ m
待放样点_____的坐标:x=_____ m,y=_____ m
经计算得:测设水平角 β=_____ m,水平距离 D=_____ m
待放样点_____的坐标:x=_____ m,y=_____ m
经计算得:测设水平角 β=_____ m,水平距离 D=_____ m
待放样点_____的坐标:x=_____ m,y=_____ m
经计算得:测设水平角 β=_____ m,水平距离 D=_____ m
点的平面位置图

思考与训练

1. 用极坐标法放样时,首先应将_____控制点,瞄准 B 点,按逆时针方向测设夹角 β,定出_____。

2. 在此次测设中,放样数据的计算如下:

(1) 坐标方位角 α_{AB} 和 α_{AP} 按_____计算。

(2) AP 与 AB 之间的夹角为_____。

(3) A、P 两点间的水平距离为_____。

3. 已知建筑施工场地上控制点 A、B,欲测设待建房附近的电杆 P 点作为施工过程中检测之用。试绘图说明测设方法。

技能实训二十一

建筑物定位与放线

一、目的要求

能实施建筑物定位与放线项目。

二、实训准备

1. 仪器设备:全站仪(含三脚架)、经纬仪(含三脚架)、水准仪(含三脚架)、测伞、记录板、记录纸等。

2. 人员组织:每组 4 人。

三、实训内容与步骤

1. 建筑物的定位

建筑物的定位是根据设计图纸,将建筑物外墙的轴线交点(也称为角点)测设到实地,作为建筑物基础放样和细部放线的依据。常根据施工场地条件来选定设计方案,不同设计方案的建筑物的定位方法也不一样。下面介绍根据已有建筑物测设拟建建筑物的定位方法。

(1)如图 21-1 所示,用钢尺沿宿舍楼的东、西墙,延长一小段距离 l 得 a、b 两点,做出标志。

(2)在 a 点安置经纬仪,瞄准 b 点,并从 b 点沿 ab 方向量取 14.240 m(教学楼的外墙厚 370 mm,轴线偏里,离外墙皮 240 mm),定出 c 点,做出标志,再继续沿 ab 方向从 c 点起量取 25.800 m,定出 d 点,做出标志,cd 就是测设教学楼平面位置的建筑基线。

(3)分别在 c、d 两点安置经纬仪,瞄准 a 点,沿顺时针方向测设 90°,沿此视线方向量取距离 $1+0.240$ m,定出 M、Q 两点,做出标志,再继续量取 15.000 m,定出 N、P 两点,做出标志。M、N、P、Q 四点即教学楼外廊定位轴线的交点。

(4)检查 NP 的距离是否等于 25.800 m,∠N 和∠P 是否等于 90°,其误差应在允许范围内。

如施工场地已有建筑方格网或建筑基线时,可直接采用直角坐标法进行定位。

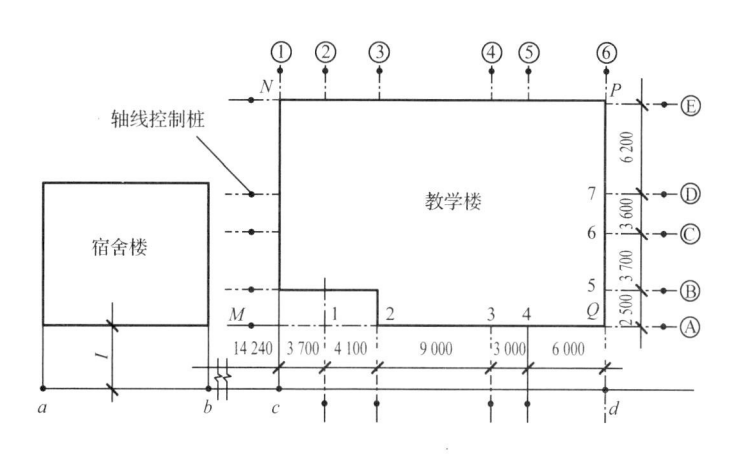

图 21-1 建筑物的定位和放线

2. 建筑物的放线

建筑物的放线是指根据已定位的外墙轴线交点桩(角桩),详细测设建筑物各轴线的交点桩(中心桩),然后根据交点桩用白灰撒出基槽开挖边界线。放线方法如下:

(1)在外墙轴线周边测设中心桩位置

如图 21-1 所示,在 M 点安置经纬仪,瞄准 Q 点,用钢尺沿 MQ 方向量出相邻两轴线间的距离,定出 1、2、3 各点,同理可定出 5、6、7 各点。量距精度应达到设计要求。测量各轴线之间距离时,钢尺零点要始终对在同一点上。

(2)恢复轴线位置的方法

由于在开挖基槽时,角桩和中心桩要被挖掉,为了便于在施工中恢复各轴线位置,应把各轴线延长到基槽外安全地点,并做好标志。其方法有设置轴线控制桩和设置龙门板两种形式。

①设置轴线控制桩

轴线控制桩设置在基槽外基础轴线的延长线上,作为开槽后各施工阶段恢复轴线的依据。轴线控制桩一般设置在基槽外 2~4 m 处,打下木桩,木桩顶钉上小钉,准确标出轴线位置,并用混凝土包裹木桩,如图 21-2 所示。如附近有建筑物,也可把轴线投测到建筑物上,用红漆做出标志,以代替轴线控制桩。

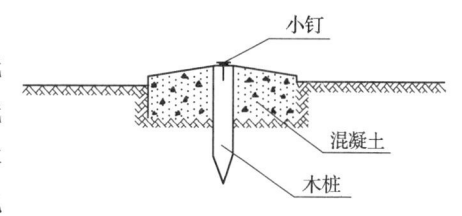

图 21-2 轴线控制桩

②设置龙门板

在小型民用建筑施工中,常将各轴线引测到基槽外的水平木板上。水平木板称为龙门板,固定龙门板的木桩称为龙门桩,如图 21-3 所示。设置龙门板的步骤如下:

在建筑物四角与隔墙两端、基槽开挖边界线以外 1.5~2 m 处设置龙门桩。龙门桩要钉得竖直、牢固,龙门桩的外侧面应与基槽平行。

根据施工场地的水准点,用水准仪在每个龙门桩外侧测设该建筑物室内地坪设计高程线(±0 标高线),并做出标志。

沿龙门桩上±0 标高线钉设龙门板,这样龙门板顶面的高程就同在±0 的水平面上。然后用水准仪校核龙门板的高程,如有差错应及时纠正,其允许误差≤±5 mm。

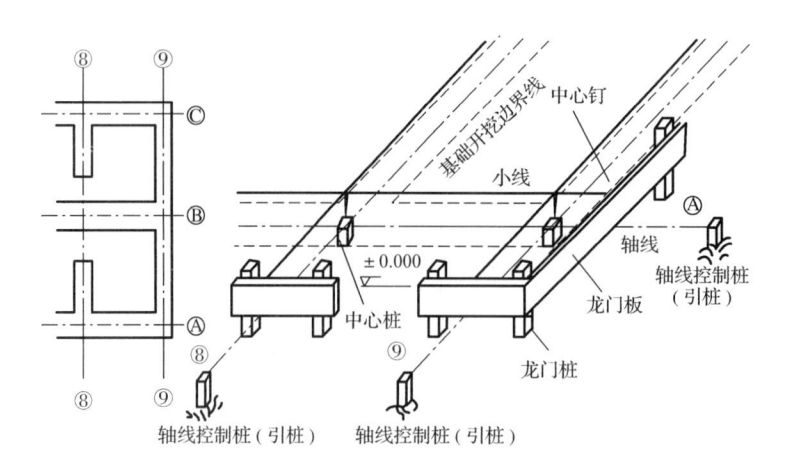

图 21-3　设置龙门板

在 N 点安置经纬仪，瞄准 P 点，沿视线方向在龙门板上定出一点，钉一个小钉作为标志，纵转望远镜，在 N 点的龙门板上也钉一个小钉。用同样的方法，将各轴线引测到龙门板上，所钉的小钉称为轴线钉。轴线钉定位误差≤±5 mm。

最后，用钢尺沿龙门板的顶面检查轴线钉的间距，其误差不超过 1/2 000。检查合格后，以轴线钉为准，将墙边线、基础边线、基槽开挖边界线等标定在龙门板上。

四、实训报告

根据建筑物的定位放线测设数据，填写表 21-1，并提交实训报告。

表 21-1　　　　　　　　　建筑物定位测设实训报告

日期：_____　　天气：_____　　仪器型号：_____　　姓名：_____

实训项目	建筑物定位测设
实训目的	
主要仪器工具	

已知设计定位数据

计算测设参数

测设草图	测设方法

实训总结

思考与训练

1. 民用施工测量包括哪些主要测量工作？
2. 轴线控制桩和龙门板的作用是什么？如何设置？

技能实训二十二
圆曲线主点测设

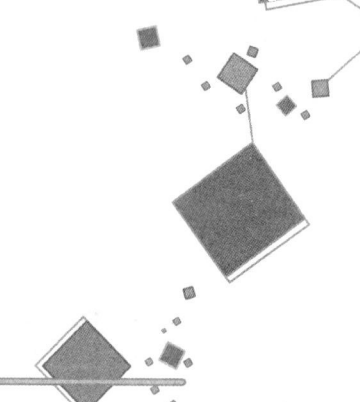

一、目的要求

1. 能够叙述圆曲线主点测设的原理。
2. 掌握路线交点转角的测定方法。
3. 掌握圆曲线主点里程的计算方法。
4. 熟悉圆曲线主点的测设过程。

二、实训准备

经纬仪或全站仪(含三脚架)、记录板、标杆、木桩、测钎、皮尺、测伞、计算器、铅笔、草稿纸等。

三、实训内容与步骤

案例:设某道路工程,中线交点 JD 的里程桩为 k35+613.33,其偏角 $\alpha=60°00'$,圆曲线设计半径 $R=30$ m, $l_0=10$ m,如图 22-1 所示,根据要求测设圆曲线主点和各细部点:

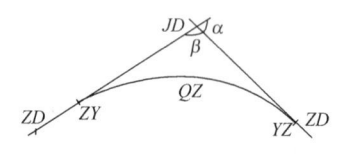

图 22-1 某道路工程圆曲线主点测设

1. 主点元素的计算

切线长:$T=R\tan\dfrac{\alpha}{2}$

曲线长:$L=R\dfrac{\alpha}{\rho}=R\alpha\dfrac{\pi}{180°}$

外矢距:$E=R\sec\dfrac{\alpha}{2}-R=R(\sec\dfrac{\alpha}{2}-1)$

切曲差:$D=2T-L$

2. 主点的测设

(1)在场地上选取 JD 点,设定 ZY(或 YZ)的方向。
(2)在 JD 点安置经纬仪,完成对中、整平。

(3)望远镜瞄准 ZY 点,用钢尺丈量水平距离 T,标定 ZY 点。

(4)按 α 角的关系定出 YZ 方向,按方法(3)标定 YZ 点。

(5)用望远镜对准转角 β(β=180°−α)的角平分线方向,丈量水平距离 E,标定 QZ 点。

四、注意事项

(1)按所给的假定条件和数据,先计算主点元素放样数据。

(2)安置仪器并对中、整平。

(3)计算和测设完毕后,必须进行检核。

(4)应沿望远镜视线方向测量所需的水平距离。

五、实训报告

根据测设数据填写表 22-1,并提交实训报告。

表 22-1　　　　　　　　　圆曲线主点测设实训报告

日期:_____　　天气:_____　　仪器型号:_____　　姓名:_____

实训项目	圆曲线主点测设				
实训目的					
主要仪器工具					
交点号				交点桩号	
转角观测结果	盘位	目标	水平度盘读数	半测回角值	右角	转角
曲线元素	半径=		切线长=		外矢距=
	转角=		曲线长=		
主点桩号	ZY 桩号:		QZ 桩号:		YZ 桩号:
主点测设方法	测设草图			测设方法	

实训总结

思考与训练

圆曲线主点测设的原理是什么？

技能实训二十三
单圆曲线偏角法详细测设

一、目的要求

掌握单圆曲线偏角法详细测设的原理与方法。

二、实训准备

经纬仪(含三脚架)、标杆、木桩、测钎、皮尺、测伞、记录板、计算器、铅笔、草稿纸等。

三、实训内容与步骤

1. 圆曲线测设的基本要求

(1)应按曲线上中桩桩距的规定进行加桩,即进行圆曲线的详细测设。中线测量的方法有整桩号法和整桩距法,一般采用整桩号法。

①整桩号法:将曲线上靠近曲线起点的第一个桩凑成 l_0 倍数的整桩号,然后按桩距 l_0 向曲线终点设桩,这样设置的桩为整桩号。

②整桩距法:从曲线起点和终点开始,分别以桩距 l_0 向曲线中点设桩,或从曲线的起点按桩距 l_0 设桩至终点。

(2)中桩量距精度、桩位限差和曲线测量闭合差应符合规定。

2. 圆曲线详细测设的方法

(1)切线支距法

建立直角坐标:以圆曲线的起点 ZY 或终点 YZ 为坐标原点,以切线为 x 轴,以过原点的半径方向为 y 轴。

曲线上各点坐标计算:设 P_i 为曲线上欲测设的点,该点至 ZY 点或 YZ 点的弧长为 l_i, φ_i 为 l_i 所对的圆心角,R 为圆曲线半径,则 P_i 的坐标为

$$\left. \begin{array}{l} x_i = R\sin \varphi_i \\ y_i = R(1-\cos \varphi_i) \end{array} \right\} \quad \left(\varphi_i = \frac{l_i}{R} \cdot \frac{180°}{\pi} \right)$$

例1 采用切线支距法并按整桩号法设桩,试计算各桩坐标,见表23-1。

表23-1　　　　　　　　　　　切线支距法计算表

桩　号	各桩至ZY或YZ的曲线长度l_i/m	圆心角φ_i/(° ′ ″)	x_i/m	y_i/m
ZY K3+114.05	0	0　00　00	0	0
+120	5.95	1　08　11	5.95	0.06
+140	25.95	4　57　22	25.92	1.12
+160	45.95	8　46　33	45.77	3.51
+180	65.95	12　35　44	65.42	7.22
QZ K3+181.60				
+200	49.14	9　23　06	48.92	4.02
+220	29.14	5　33　55	29.09	1.41
+240	9.14	1　44　44	9.14	0.14
YZ K3+249.14	0	0　00　00	0	0

(2)偏角法

偏角法是以圆曲线起点ZY或终点YZ至曲线任一待定点P_i的弦线与切线方向之间的弦切角(偏角)和弦长来确定P_i点的位置的。

$$\Delta_i = \frac{\varphi_i}{2} = \frac{l_i}{R} \cdot \frac{90°}{\pi}; \quad c_i = 2R\sin\frac{\varphi_i}{2}; \quad \delta_i = l_i - c_i = \frac{l_i^3}{24R^2}$$

例2 采用偏角法按整桩号设桩,计算各桩的偏角和弦长,见表23-2。

表23-2　　　　　　　　　　　偏角法计算表

桩　号	各桩至ZY或YZ的曲线长度l_i/m	偏角值/(° ′ ″)	偏角读数/(° ′ ″)	相邻桩间弧长/m	相邻桩间弦长/m
ZY K3+114.05	0	0　00　00	0　00　00	0	0
+120	5.95	0　34　05	0　34　05	5.95	5.95
+140	25.95	2　28　41	2　28　41	20.00	20.00
+160	45.95	4　23　16	4　23　16	20.00	20.00
+180	65.95	6　17　52	6　17　52	20.00	20.00
QZ K3+181.60	67.55	6　27　00	6　27　00	1.60	1.60
			353　33　00	18.40	18.40
+200	49.14	4　41　33	355　18　27	20.00	20.00
+220	29.14	2　46　58	357　13　02	20.00	20.00
+240	9.14	0　52　22	359　07　38	9.14	9.14
YZ K3+249.14	0	0　00　00	0　00　00	0	0

3.单圆曲线偏角法详细测设的方法

(1)按照实训所给的实例计算测设数据。

(2)根据计算出的圆曲线主点里程设置圆曲线主点,其设置方法与圆曲线主点测设设置方法相同,详见技能实训二十二。

(3)偏角法测设的步骤如下：

①在 ZY 点安置经纬仪(对中、整平)，用盘左瞄准 JD，将水平度盘的读数配到 $0°00'00''$。

②转动照准部到度盘读数为 Δ_1，从 ZY 点量取弦长 c_1，定出 1 点。

③转动照准部到度盘读数为 Δ_i，从第 $i-1$ 点量取弦长 c_i，与此方向交出第 i 点；直至曲线终点。

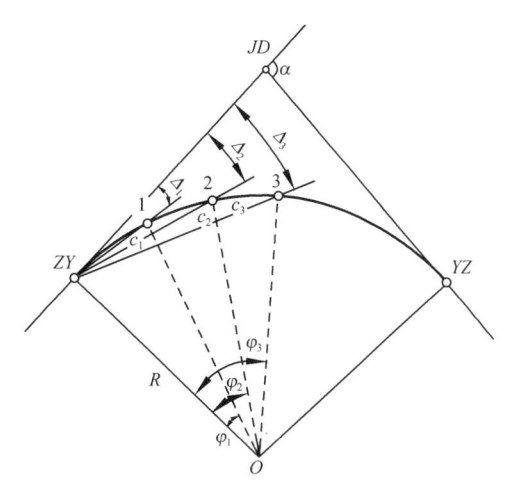

图 23-1 偏角法详细测设单圆曲线

四、注意事项

1．本次实训是在圆曲线主点测设的基础上进行的，故应掌握圆曲线主点测设的要领。

2．应在实训前将全部测设数据计算出来，不能在实训中边算边测，防止时间不够或出错(若时间允许，也可不用实例直接测定右角后进行圆曲线的详细测设)。

五、实训报告

1．提交偏角法详细测设数据计算表。

2．将偏角法详细测设单圆曲线的位置标定在实地，并绘制草图。

技能实训二十四
路线纵、横断面测量

一、目的要求

1. 具有在选定的路线上进行中线测量、纵断面和横断面测量的能力。
2. 熟悉作业方法。
3. 具有控制测设过程的能力。
4. 掌握纵、横断面图的绘制方法和土方量的计算方法。
5. 熟悉路线坡度设计的依据和方法。

二、实训准备

水准仪(含三脚架)、经纬仪(含三脚架)、三角板、皮尺、木桩、测伞、记录夹、计算器等。

三、实训内容与步骤

本次实训包括中线测量、纵断面测量、横断面测量、纵断面图的测绘和土方量的计算、确定开挖边界线和施工测量等。下面着重介绍中线测量、纵断面测量以及纵断面图的绘制过程。

各小组在所测地形图上设计含有 1 或 2 个转点的线路中线,线路转向处用缓和曲线或圆曲线连接。

1. 中线测量

根据中线附近的控制点和地物,可采用穿线交点、拨角放线等方法测设线路各交点,并用测回法观测线路各偏角一测回。然后从线路起点开始,沿中线每隔 20 m 或 50 m(曲线上根据曲线半径每隔 20 m、10 m 或 5 m)量距定出整桩,并在地面坡度变换处、中线与其他主要地物(如道路、河流、输电线)相交之处设加桩,在曲线交点处设主点桩。中线定线时,可采用经纬仪定线或目估定线,量距采用一般钢尺量距,曲线测设可采用偏角法、切线支距法或极坐标法。线路精度要求:直线部分纵向相对误差≤1/2 000,横向误差≤±5 cm;曲线部分纵向相对闭合差≤1/1 000,横向闭合差≤±10 cm。

里程桩的编号:K0+000、+020、+040…,加桩编号以实际距离为准,如+027、+055…。

2. 纵断面测量

(1) 基平测量

在整个路线上,根据其长度设置3~5个水准点,按四等水准测量的方法或往、返观测方法与附近的已知水准点连测,并求出其高程。

(2) 中平测量

以相邻水准点为一个测段,从一个水准点出发,按等外水准测量要求逐个测定中桩的地面高程,附合至下一个水准点。作业中应注意:

①为提高作业效率,一个测站点可以有若干个后视、前视和中视,并采用视线高方法进行计算,记录时应注意分清后视、前视和中视。

②各桩号的高程以桩的地面高程为准,不能测桩顶。

③注意水准点的闭合或附合,以及其限差要求,确保水准测量无差错。

【实例】如图 24-1 所示

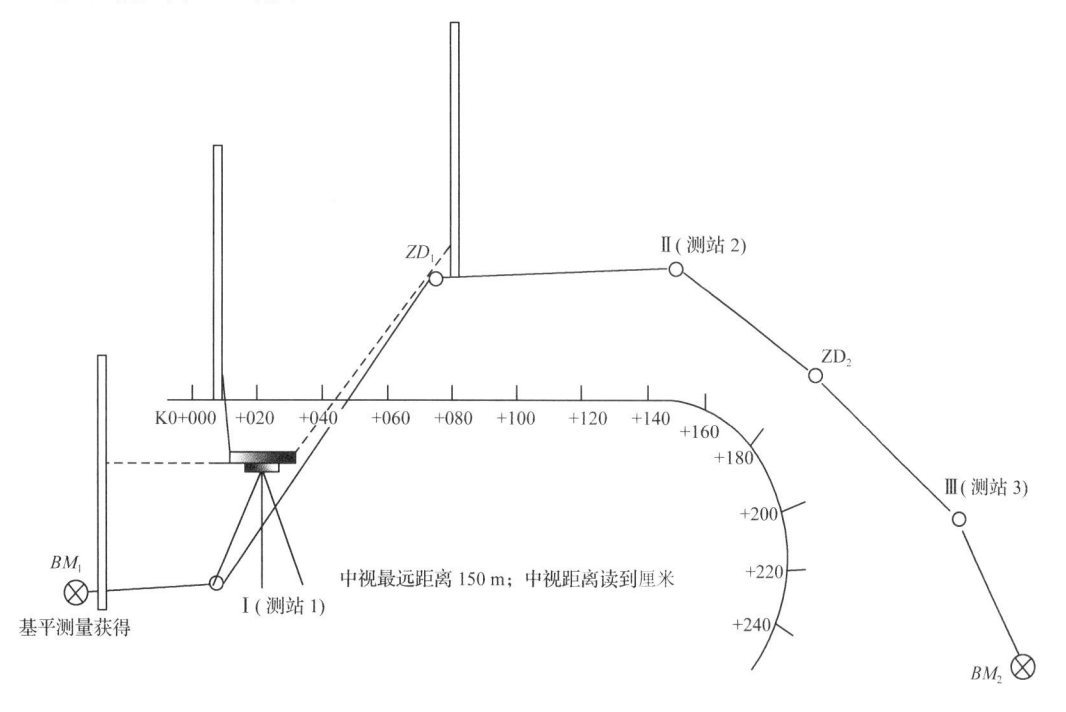

图 24-1 中平测量

(1) 测设

①水准仪置于Ⅰ站,后视水准点 BM_1,前视转点 ZD_1,将读数记入后视、前视栏内。

②观测 BM_1 与 ZD_1 间的中间点 K0+000、+020、+040、+060、+080,将读数记入中视栏内。

③将仪器搬至Ⅱ站,后视转点 ZD_1,前视转点 ZD_2,然后观测各中间点 +100、+120、+140、+160、+180,将读数分别记入后视、前视和中视栏内。

④按上述方法继续向前观测,直至闭合于水准点 BM_2,中平测量只做单程测量。

(2)记录(表24-1)

表24-1　　　　　　　　　　　路线纵断面测量记录表

测点	水准尺读数/m 后视	水准尺读数/m 中视	水准尺读数/m 前视	视线高程/m	高程/m	备注
BM_1	2.191			514.505	512.314	
K0+000		1.62			512.89	
+020		1.90			512.61	
+040		0.62			513.89	BM_1 高程为
+060		2.03			512.48	基平所测
+080		0.90			513.61	
ZD_1	3.162		1.006	516.661	513.499	
+100		0.50			516.16	
+120		0.52			516.14	
+140		0.82			515.84	
+160		1.20			515.46	基平测得 BM_2
+180		1.01			515.65	高程为
ZD_2	2.246		1.521	517.386	515.140	524.824 m
…	…	…	…	…	…	
K1+240		2.32			523.06	
BM_2			0.606		524.782	

(3)复核

复核：$f_{h容}=\pm 50\sqrt{L}=\pm 50\sqrt{1.24}=\pm 56$ mm

其中，$L=$K1+240$-$(K0+000)$=1.24$ km，$\Delta h_{基}=524.824-512.314=12.51$ m

复核：$\Delta h_{中}=524.782-512.314=12.468$ m

$\sum a-\sum b=(2.191+3.162+2.246+\cdots)-(1.006+1.521+\cdots+0.606)=12.468$ m

$\Delta h_{基}-\Delta h_{中}=12.51-12.468=0.042$ m$=42$ mm$<f_{h容}$，精度符合要求。

说明：一测段观测结束后，应计算测段高差 $\Delta h_{中}$。它与基平所测测段两端水准点高差 $\Delta h_{基}$ 之差，称为测段高差闭合差 f_h。测段高差闭合差应符合中桩高程测量精度要求，否则应重测。中桩高程测量的容许误差：高速公路、一级公路$\leqslant \pm 30\sqrt{L}$ mm；二级及二级以下公路$\leqslant \pm 50\sqrt{L}$ mm。中桩高程检测限差：高速公路、一级公路$\leqslant \pm 5$ cm；二级及二级以下公路$\leqslant \pm 10$ cm。中桩高程测量对需要特殊控制的建筑物、铁路轨顶等，应按规定测出其标高，检测限差$\leqslant \pm 2$ cm。

(4)计算

中桩的地面高程以及前视点高程应按所属测站的视线高程进行计算。

每一测站的计算按下列公式进行：

$$视线高程=后视点高程+后视读数$$
$$中桩高程=视线高程-中视读数$$
$$转点高程=视线高程-前视读数$$

3. 纵断面图的绘制

以里程为横坐标，比例尺为1∶1 000，以高程为纵坐标，比例尺为1∶100，在毫米方格纸上绘制纵断面图。

纵断面图应包括：桩号，填、挖土高度，地面高程设计高度，坡度与距离，填、挖数，直线与曲线。

纵断面图的绘制可按下列步骤进行：

(1)按照选定的里程比例尺和高程比例尺打格制表，填写直线与曲线、里程、地面高程、土壤地质说明等资料。

(2)绘地面线

首先选定纵坐标的起始高程,使绘出的地面线在图上位置适当。一般将 10 m 整倍数的高程定在 5 cm 方格的粗线上,便于绘图和阅图。然后根据中桩的里程和高程,在图上按纵、横比例尺依次点出各中桩的地面高程,再用直线将相邻点分别连接起来,就得到地面线。在高差变化较大的地区,如果纵向受到图幅限制,可在适当地段变更图上高程起算位置,此时地面线将构成台阶形式。

(3)根据纵坡设计计算设计高程

当路线的纵坡确定后,即可根据设计纵坡和两点间的水平距离,由一点的高程计算另一点的设计高程。

(4)计算各桩的填、挖高度。同一桩号的设计高程与地面高程之差,即该桩的填、挖高度,填方为正,挖方为负。

(5)在图上注记有关资料,如水准点、桥涵、竖曲线等。

(说明:纵断面图是沿中线方向绘制的反映地面起伏和纵坡设计的线状图,它表示各路段纵坡的大小、坡长及中线位置的填、挖高度,是道路设计和施工的重要技术文件之一。纵断面图由上、下两部分组成。在图的上部,从左到右有两条贯穿全图的线。一条是细的折线,表示中线方向的实际地面线,是以里程为横坐标、高程为纵坐标,根据中平测量的中桩地面高程绘制的。为了明显反映地面的起伏变化,一般里程比例尺取 1∶5 000、1∶2 000 或 1∶1 000,高程比例尺一般取 1∶500、1∶200 或 1∶100。图中另一条是粗包含竖曲线在内的纵坡设计线,是在设计时绘制的。此外,图上还注有水准点的位置和高程,桥涵的类型、孔径、跨数、长度、里程桩号和设计水位,竖曲线示意图及其曲线元素,同公路、铁路交叉点的位置、里程及有关说明等。)

四、实训报告

根据测量数据,填写表 24-2 和表 24-3,并提交实训报告。

表 24-2　　　　　　　　　　　路线纵断面测量记录表

日期:_____　　天气:_____　　仪器型号:_____　　姓名:_____

测点	水准尺读数/m			视线高程/m	高程/m	备注
	后视	中视	前视			
…	…	…	…	…	…	
检核	$f_{h容}=$				$f_h=$	

表 24-3　　　　　　　　　　　路线纵断面图的绘制

实训项目	路线纵断面图的绘制
实训目的	
主要仪器工具	

绘制纵断面图

实训总结

思考与训练

1. 路线纵断面测量的任务是什么？
2. 中平测量中的中视与前视有何区别？
3. 直线、圆曲线和缓和曲线的纵断面方向如何确定？
4. 完成表 24-2 中中平测量记录的计算。

第二部分

工程测量技能测试

工程测量技能测试概述

本书既涵盖了工程测量的基本知识、技能和方法,又突出了能力考核。本教程针对不同的工程测量任务,对工程测量技能进行合理分解,形成相对独立的技能测试单元,各单元既相互独立又相互联系,形成一个有机整体。在使用中,可以根据专业特点选择某些部分,形成专题,进行专业测量技能测试。

一、技能测试题的分类与应用

工程测量技能测试题以应用能力考核构建评价体系,体现实用性和综合性的特点,测试题内容总体趋向由易到难、由简单到复杂。按测试用时不同,测试题分以下三类:45 分钟、60 分钟、90 分钟(个别 30 分钟)。

根据工程测量任务不同,测试题又分为:测量的基本知识与技能、地形图的测绘与应用(综合技能)、控制测量、建筑施工测量、线路施工测量(专项技能)等。

测试时,可以根据不同专业的特点和等级的要求,对测试题进行"项目组合"。可以按照难度、专业要求或测试用时分块,基本题要求必须熟练掌握,提高题、综合题可以酌情灵活考虑。

为方便工程测量技能测试的实施,本书构建了技能测试考核体系,每个项目测量技能测试,均包括【测试核心技能】【测试题目与内容】【测试时间】【测试条件(情景)】【测试要求及评分标准】【测试说明及注意事项】【测试报告】【测试成绩评定表】【其他变数与说明】。本书将工程测量技能【技能实训】【思考与训练】等内容对应在第 1 部分。

二、测试的组织与要求

1. 测试的组织:

(1)按试题要求对考生进行分组,一般可以每 4 人组成一个测量小组,组内每位考生轮流交替进行试题要求的各项测试,并由考评员逐项评定分值。如在"全站仪导线测量"测试中,可以考核组织如下:每 4 人一组,分为甲、乙、丙、丁;第一轮:甲观测,乙记录,丙和丁立反光镜;第二轮:乙观测,甲记录,丙和丁立反光镜;第三轮:丙观测,丁记录,甲和乙立反光镜;第四轮:丁观测,丙记录,甲和乙立反光镜。

(2)也可以根据试题要求,配备必要的辅助人员,对考生同时进行全面的考核与测试。

2.考试各项得分都需在现场考生测试完成后及时评定并填写,不得事后补填。每套试题中的评分标准作为主考人、考评员的评分依据,须在考试前发给主考人、考评员,主考人、考评员拿到评分标准后,尽可能全面熟悉整套题目、各项的操作要求与评分依据,以便测试时更准确、客观、及时地评定每位考生的成绩。

3.在使用试题时,教师按照每套题中要求的仪器、工具、场地等做好测试前的准备工作,提前统一准备好符合测试内容要求的相关测试报告和记录手簿。

4.工程测量技能训练时,教师可根据教学需要对这些测试项目进行合并、取舍、变换,每个实训小组的人数和用时也可以根据具体情况进行安排,但应保证每人均参加操作、观测、记录、计算等工作。

5.使用本书既可以综合全面评价学生的职业技能;也可随机抽取其中之一或几题进行测试;还可以作为某项教学任务完成后对学生单项技能掌握情况进行测试和评定的依据。

6.每套测试题一般重点从以下几方面考核考生的职业技能:

(1)操作的熟练性、规范性。

(2)试题内容要求的整体作业方法的程序性、正确性。

(3)记录计算的规范性与美观清晰度。

(4)作业成果的精度。

(5)安全文明作业与团结协作精神。

7.测试前 20 分钟抽题,每次抽题以后,考生要认真阅读测试有关说明、要求和注意事项、评分标准等。每次实训前,除认真阅读测试有关说明、要求和注意事项、评分标准以外,还要认真阅读测试辅导内容。

8.测试标准依据《工程测量标准》(GB 50026—2020)。

9.评分奖罚标准说明:

本书统一了测试题评分奖罚标准:

(1)测试时间为评分的主要依据之一,提前完成者给予适当奖分,奖分参考标准分为三个等级,见表 0-1;测试时间不得超过规定时间(90 分钟)。

表 0-1　　　　　　　　　　　　奖分参考标准

提前时间/分钟	30	20～30	10～20
参考奖分/分	30	20	10

(2)根据卷面整洁情况,扣 1～5 分(记录划去一处,扣 1 分;用橡皮擦去一处,扣 2 分。合计不超过 5 分)。

(3)如发生仪器事故或严重违反操作规程等现象,则停止测试,成绩以不合格计。

在测试题中,评分奖罚标准不再重复说明。

三、基本定义

1.主考人:符合聘任条件,由职业技能鉴定站聘任,在测量技能测试考核中担任评委,并负责监督考评员,是解决技能测试过程中的突发技术问题、评判技能测试纠纷和结果的专家,一般在所聘任的考评员中选聘。

2.考评员:符合聘任条件,由职业技能鉴定站聘任,在测量技能测试考核中担任评委,并负责考查、记录考生测试水平和能力,根据评分标准给考生评定测试成绩。

3.考生:参加测量技能测试考核的学员。由职业技能鉴定站认定,根据职业技能鉴定测量工报名条件与实施办法,符合条件并已履行报名手续,参加技能测试考核的学员;或在完成相关测量教学实训,参加测量技能考核的学生。

4.辅导教师:由职业技能鉴定站聘任,在测量技能测试前的培训、实训中担任教学或实训指导的教师、专家。

技能测试一
普通水准测量

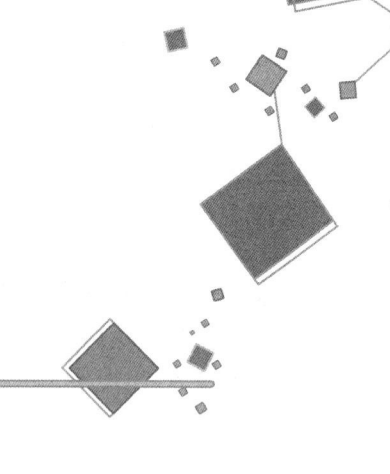

【测试核心技能】

1. 水准仪的正确使用。

2. 水准路线的布设。

3. 水准测量的施测方法(包括观测、记录与计算)。

【测试题目与内容】

闭合水准测量。

按照等外水准测量的精度要求,根据已知水准点测量未知待测点的高程。该测试具体包括闭合水准路线的布设、外业观测、记录与内业计算全过程。

【测试时间】

90 分钟。

【测试条件】

1. 仪器、工具:DS_3 微倾式水准仪(含三脚架)、水准尺、计算器、尺垫、测伞、记录夹等。

2. 在测试现场选定一已知高程的点 BM_A,其高程为 1 000.000 m。指定两个未知待测点,分别打入木桩,表示Ⅰ、Ⅱ两点,桩顶钉圆帽钉。Ⅰ点距离 BM_A 点 300~500 m,Ⅱ点距离Ⅰ点 100~200 m,Ⅱ点距离 BM_A 点 400~600 m。

【测试要求及评分标准】

1. 严格按操作规程作业。

2. 记录和计算应完整、整洁、无错误。

3. 数据记录、计算、检核及成果计算均应填写在相应的测试报告中,记录表以外的数据不作为考核结果。

4. 等外水准测量的精度要求:高差闭合差的容许值 $f_{h容} = \pm 40\sqrt{L}$ mm 或 $f_{h容} = \pm 12\sqrt{n}$ mm。

5. 测试评分标准见表 1-1。

表 1-1　　　　　　　　　　　测试评分标准(百分制)

测试内容	评分标准	配分
工作态度	仪器、工具轻拿轻放,搬仪器动作规范,装箱正确	10
仪器操作	操作熟练、规范,方法步骤正确、不缺项	20
读数	读数正确、规范	10
记录	记录正确、规范	10
计算	计算快速、准确、规范,计算检核齐全	20
精度	精度符合要求	20
综合印象	动作规范、熟练、文明作业	10
	合计	100

【测试说明及注意事项】

1. 测试准备工作:自备计算用纸、笔(钢笔或圆珠笔)、计算器等,抽题。

2. 提供"闭合水准测量技能测试报告"给考生,测试结束后考生将该测试报告上交。

3. 测试过程中,安排两名辅助人员配合考生完成测试任务。

4. 测试过程中,任何人不得提示,考生应独立完成全部工作。

5. 主考人有权随时检查考生是否符合操作规程及技术要求,但应相应折减所影响的时间。

6. 对于作弊行为,一经发现一律按零分处理,且不得参加补考。

7. 测试时间自领取仪器开始,至递交测试报告与仪器终止。

【测试报告】

测试报告见表 1-2 和表 1-3。

表 1-2　　　　　　　　　　　闭合水准测量技能测试报告

考生姓名：_____　　考评日期：_____　　考评员：_____　　成绩：_____

测试题目	闭合水准测量		
主要仪器及工具			
天气		仪器号码	

测站点	测点	后视读数 a/m	前视读数 b/m	高差 h/m +	高差 h/m −	高程/m	备注
	∑						

检核计算	$\sum a - \sum b =$	$\sum h =$	结论

表 1-3　　　　　　　　　　　水准测量成果计算表

点号	水准路线长 L_i/km	测站数 n_i/m	实测高差 h_i/m	高差改正数 $v_{i改}$/mm	改正后高差 $h_{i改}$/m	高程 H_i/m	备注
A						1 000.000	已知
Ⅰ							
Ⅱ							
A							
∑							

辅助计算

$f_h =$　　　　　　　　　　　$f_{h容} =$

高差改正数 $v_{i改} =$

【测试成绩评定表】

表 1-4 用于考评员给考生评定成绩,最后连同考生测试报告归档保存。

表 1-4　　　　　　　　　　测试成绩评定表(百分制)

考生姓名:_____　　考评日期:_____　　开始时间:_____　　结束时间:_____

项目	考核内容	配分	扣分	得分	监考教师评分依据记录
工作态度	仪器、工具轻拿轻放,搬仪器动作规范,装箱正确	10			
仪器操作	操作熟练、规范,方法步骤正确、不缺项	20			
读数	读数正确、规范	10			
记录	记录正确、规范	10			
计算	计算快速、准确、规范,计算检核齐全	20			
精度	精度符合要求	20			
综合印象	动作规范、熟练,文明作业	10			
总扣分及说明					
最后得分		考评员签字		主考人签字	

【其他变数与说明】

1. 其他变数

(1)任务可以变换成附合水准路线。

(2)仪器可以变换成自动安平水准仪。此时,测试用时可以适当减少。

(3)外业观测可以要求采用变更仪器高法来检核测站点,同时调整测试工作量或测试用时。

2. 技能的用途

该技能用于高程测量。

技能测试二
DS₃微倾式水准仪的检验与校正

【测试核心技能】

1. 水准仪的正确使用。
2. 水准仪的检验与校正。

【测试题目与内容】

水准仪的检验与校正。

检验 DS₃ 微倾式水准仪各轴线之间的关系是否满足要求。若不满足要求,则需进行校正,直到满足要求,并叙述校正方法。

【测试时间】

90 分钟。

【测试条件】

1. 仪器、工具:DS₃ 微倾式水准仪(含三脚架)、水准尺、皮尺、尺垫、测伞、记录夹、校正针、钟表、旋具等。
2. 选一较平坦场地,在相距约 80 m 的两端分别打入木桩,代表 A、B 两点,桩顶钉圆帽钉。

【测试要求及评分标准】

1. 严格按操作规程作业。
2. 观测、记录、计算和相关叙述内容应完整、整洁、无错误,并按要求记录在相应的测试报告中,记录表以外的数据与文字不作为考核结果。

3. 对于 DS_3 微倾式水准仪来说,$i \leqslant \pm 20''$,如果超限,则需要校正。

4. 测试评分标准见表 2-1。

表 2-1　　　　　　　　　　　测试评分标准(百分制)

测试内容	评分标准	配分
工作态度	仪器、工具轻拿轻放,搬仪器动作规范,装箱正确,操作熟练、规范	10
安置仪器	架头大致水平,仪器完成粗平	5
一般性检验	是否全面完整	5
圆水准器的检校	检验与校正方法、过程、记录是否正确	15
(1)圆水准器的检验	是否需要校正,判断是否正确	
(2)圆水准器的校正	校正结果如何	
十字丝的检校	检验与校正方法、过程、记录是否正确	15
(1)十字丝横丝的检验	是否需要校正,判断是否正确	
(2)十字丝横丝的校正	校正过程是否正确;校正结果如何	
水准管的检校	检验与校正方法、过程、记录是否正确	40
(1)水准管的检验	i 计算是否正确,是否需要校正,判断是否正确	
(2)水准管的校正	校正结果如何	
结论及综合印象	结论是否正确;动作规范、熟练,文明作业	10
合计		100

【测试说明及注意事项】

1. 测试准备工作:自备计算用纸、笔(钢笔或圆珠笔)、计算器等,抽题。

2. 提供"DS_3 微倾式水准仪的检验与校正技能测试报告"给考生,测试结束后考生将该测试报告上交。

3. 测试过程中,安排两名辅助人员配合考生完成测试任务。

4. 测试过程中,任何人不得提示,考生应独立完成全部工作。

5. 主考人有权随时检查考生是否符合操作规程及技术要求,但应相应折减所影响的时间。

6. 对于作弊行为,一经发现一律按零分处理,且不得参加补考。

7. 测试时间自领取仪器开始,至递交测试报告与仪器终止。

【测试报告】

测试报告见表2-2。

表2-2　DS$_3$微倾式水准仪的检验与校正技能测试报告

考生姓名：_____　　考评日期：_____　　考评员：_____　　成绩：_____

测试题目	DS$_3$微倾式水准仪的检验与校正
主要仪器及工具	

(1)一般性检验记录

检验项目	检验结果
三脚架是否牢固	
脚螺旋是否有效	
制动与微动螺旋是否有效	
对光螺旋是否有效	
望远镜成像是否清晰	
其他(其他螺旋、绕竖轴旋转等)	

(2)简述十字丝的检验与校正过程(可辅以简图说明)，并写出检验与校正结果

(3)简述圆水准器的检验与校正过程(可辅以简图说明)，并写出检验与校正结果

(4)水准管轴的检验记录

仪器位置	项目	第1次	第2次	原理略图
在A、B两点中间安置仪器，测高差h_{AB}	后视A点尺上读数a_1			
	前视B点尺上读数b_1			
	$h_{AB}=a_1-b_1$			
	高差结果			
在A点(或B点)附近安置仪器进行检验	A点尺上读数a_2			
	B点尺上读数b_2			
	计算$b_2'=a_2-h_{AB}$			
	计算偏差值$\Delta b=b_2-b_2'$			
	计算$i=\dfrac{|\Delta b|}{D_{AB}}\rho$			
	是否需校正			

(5)简述水准管的校正过程，并写出校正结果

(6)结论

【测试成绩评定表】

表 2-3 用于考评员给考生评定成绩,最后连同考生测试报告归档保存。

表 2-3　　　　　　　　　　测试成绩评定表(百分制)

考生姓名:＿＿＿＿　　考评日期:＿＿＿＿　　开始时间:＿＿＿＿　　结束时间:＿＿＿＿

项目	考核内容	配分	扣分	得分	监考教师评分依据记录
工作态度	仪器、工具轻拿轻放,搬仪器动作规范,装箱正确,操作熟练、规范	10			
安置仪器	架头大致水平,仪器完成粗平	5			
一般性检验	是否全面完整	5			
圆水准器的检校	检验与校正方法、过程、记录是否正确	15			
(1)圆水准器的检验	是否需要校正,判断是否正确				
(2)圆水准器的校正	校正结果如何				
十字丝的检校	检验与校正方法、过程、记录是否正确	15			
(1)十字丝横丝的检验	是否需要校正,判断是否正确				
(2)十字丝横丝的校正	校正过程是否正确;校正结果如何				
水准管的检校	检验与校正方法、过程、记录是否正确	40			
(1)水准管的检验	i 角角值计算是否正确,是否需要校正,判断是否正确				
(2)水准管的校正	校正结果如何				
结论及综合印象	结论是否正确;动作规范、熟练,文明作业	10			
总扣分及说明					
最后得分		考评员签字		主考人签字	

【其他变数与说明】

1. 根据具体条件,可降低测试难度,即不要求校正操作,而改成填表叙述或口答校正过程。

2. 测试过程中,如果条件有限,可根据具体条件,要求考生把检验过程描述于测试报告中。

技能测试三
经纬仪测回法观测水平角

【测试核心技能】

1. 经纬仪的正确使用。
2. 测回法观测水平角的观测顺序,记录、计算方法。

【测试题目与内容】

测回法观测水平角。
用 DJ_6 光学经纬仪通过测回法观测水平角。

【测试时间】

30 分钟。

【测试条件】

1. DJ_6 光学经纬仪(含三脚架)、测钎、测伞、记录夹等。
2. 在测区地面上任意选择三个点 A、O、B,分别打入木桩,桩顶钉小钉表示点位。要求 A 点、B 点距离 O 点 100 m 左右,且两距离有所不同。设置三点高程有明显不同。

【测试要求及评分标准】

1. 严格按操作规程作业。
2. 要求对中误差≤±2 mm,整平误差≤1 格,上、下半测回角值互差≤±36″,各测回角值互差≤±24″。
3. 记录和计算应完整、整洁、无错误;数据记录、计算均应填写在相应的测试报告中,记录表不可用橡皮修改,记录表以外的数据不作为考核结果。

4.要求测量三个测回。

5.测试评分标准见表3-1。

表3-1　　　　　　　　　　　测试评分标准(百分制)

项目	考核内容要求	配分	评分标准	
主要项目	对中误差	5	超限扣5分	计算错误一次扣2分
	水准管气泡偏移	5	超限扣5分	
	度盘配置	10	错误一次扣2分	
	2C互差	10	超限一次扣5分	
	半测回角值互差	10	超限一次扣2分	
一般项目	对中	10	操作错误一次扣2分 超限一次扣2分 操作错误一次扣2分	
	整平	15		
	操作步骤	25		
安全文明生产	安全生产	5		
	爱护仪器设备	5		
合计		100		

【测试说明及注意事项】

1.测试准备工作:自备计算用纸、笔(钢笔或圆珠笔)、计算器等,抽题。

2.提供"测回法观测水平角技能测试报告"给考生,测试结束后考生将该测试报告上交。

3.测试过程中,安排两名辅助人员配合考生完成测试任务。

4.测试过程中,任何人不得提示,考生应独立完成全部工作。

5.主考人有权随时检查考生是否符合操作规程及技术要求,但应相应折减所影响的时间。

6.对于作弊行为,一经发现一律按零分处理,且不得参加补考。

7.测试时间自领取仪器开始,至递交测试报告和仪器时终止。

【测试报告】

测试报告见表3-2。

【测试成绩评定表】

表3-3用于考评员给考生评定成绩,最后连同考生测试报告归档保存。

表 3-2　　　　　　　　　　测回法观测水平角技能测试报告

考生姓名：_____　　考评日期：_____　　考评员：_____　　成绩：_____

测试题目	测回法观测水平角				
主要仪器及工具					
天气		仪器号码				

测回数	竖盘位置	目标	水平度盘读数/(° ′ ″)	半测回角值/(° ′ ″)	一测回角值/(° ′ ″)	各测回平均角值/(° ′ ″)	备注

表 3-3　　　　　　　　　　测试成绩评定表（百分制）

考生姓名：_____　考评日期：_____　开始时间：_____　结束时间：_____

项目	考核内容	配分	扣分	得分	监考教师评分依据记录
主要项目	对中误差不超过 1 mm	5			
	水准管气泡偏移不超过 1 格	5			
	度盘配置	10			
	2C 互差	10			
	半测回角值互差	10			
一般项目	对中	10			
	整平	15			
	操作步骤	25			
安全文明生产	安全生产	5			
	爱护仪器设备	5			
总扣分及说明					
最后得分		考评员签字		主考人签字	

【其他变数与说明】

1. 其他变数

（1）可以改变测回数以调整测试工作量。

（2）仪器可换成 DJ$_2$ 光学经纬仪，也可换成电子经纬仪，测试时可以适当调整。

2. 技能的用途

该技能用于水平角测量和距离计算，确定点的坐标。

技能测试四
全圆方向观测法测量水平角

【测试核心技能】

1. 经纬仪的正确使用。
2. 全圆方向观测法测量水平角的观测、记录与计算。

【测试题目与内容】

全圆方向观测法测量水平角。

用 DJ_6 光学经纬仪通过全圆方向观测法测量水平角。

【测试时间】

45 分钟。

【测试条件】

1. 仪器、工具：DJ_6 光学经纬仪（含三脚架）、测钎、测伞、记录夹等。
2. 在测区地面上任意选择五个点 O、A、B、C、D，分别打入木桩，桩顶钉小钉表示点位。要求 O 点距离 A 点、B 点、C 点和 D 点 100 m 左右，且各距离有所不同。设置各点高程有明显区别。

【测试要求及评分标准】

1. 严格按操作规程作业。
2. 要求对中误差≤±3 mm，整平误差≤1 格，半测回归零差≤±24″，各测回同一方向值互差≤±24″。

3.记录、计算应完整、整洁、无错误;数据记录、计算均应填写在相应的测试报告中,记录表不可用橡皮修改,记录表以外的数据不作为考核结果。

4.要求测量两个测回。

5.测试评分标准见表 4-1。

表 4-1　　　　　　　　　测试评分标准(百分制)

项目	考核内容	配分	评分标准	
主要项目	对中误差	5	超限扣5分	计算错误一次扣2分
	水准管气泡偏移	5	超限扣5分	
	度盘配置	10	错误一次扣2分	
	2C互差	10	超限一次扣5分	
	半测回归零差	10	超限一次扣2分	
	读数、记录、计算	10	错误一次扣2分	
一般项目	对中	10	操作错误一次扣2分	
	整平	10	超限一次扣2分	
	操作步骤	20	操作错误一次扣2分	
安全文明生产	安全生产	5		
	爱护仪器设备	5		
合计		100		

【测试说明及注意事项】

1.测试准备工作:自备计算用纸、笔(钢笔或圆珠笔)、计算器等,抽题。

2.提供"全圆方向观测法测量水平角技能测试报告"给考生,测试结束后考生将该报告上交。

3.测试过程中,安排两名辅助人员配合考生完成测试任务。

4.测试过程中,任何人不得提示,考生应独立完成全部工作。

5.主考人有权随时检查考生是否符合操作规程及技术要求,但应相应折减所影响的时间。

6.对于作弊行为,一经发现一律按零分处理,且不得参加补考。

7.测试时间自领取仪器开始,至递交测试报告与仪器时终止。

【测试报告】

测试报告见表4-2。

表4-2　　　　　　　　**全圆方向观测法测量水平角技能测试报告**

考生姓名：_____　考评日期：_____　考评员：_____　成绩：_____

测试题目	全圆方向观测法测量水平角
主要仪器及工具	

天气					仪器号码			

测站点	测回数	目标	水平度盘读数/(° ′ ″)		2C/(″)	平均读数/(° ′ ″)	一测回归零后方向值/(° ′ ″)	各测回归零后方向值的平均值/(° ′ ″)	略图及角值
			盘左	盘右					
		A							
		B							
		C							
		D							
		A							
		A							
		B							
		C							
		D							
		A							

【测试成绩评定表】

表4-3用于考评员给考生评定成绩,最后连同考生测试报告归档保存。

表4-3　　　　　　　　**测试成绩评定表(百分制)**

考生姓名：_____　考评日期：_____　开始时间：_____　结束时间：_____

项目	考核内容	配分	扣分	得分	监考教师评分根据记录
主要项目	对中误差不超过1 mm	5			
	水准管气泡偏移不超过1格	5			
	度盘配置	10			
	2C互差	10			
	半测回归零差	10			
	读数、记录计算无误	10			
一般项目	对中	10			
	整平	10			
	操作步骤规范,方法正确,不缺项	20			
安全文明生产	安全生产	5			
	爱护仪器设备	5			
总扣分及说明					
最后得分		考评员签字		主考人签字	

119

【其他变数与说明】

1. 其他变数

(1) 可以改变测回数以调整测试工作量。

(2) 仪器可换成 DJ_2 光学经纬仪,也可换成电子经纬仪。测试时可以适当调整。

2. 技能的用途

该技能用于水平角测量,计算点的坐标。

技能测试五
竖直角测量及竖盘指标差检验

【测试核心技能】

1. 经纬仪的正确使用。
2. 竖直角测量的方法(包括观测、记录与计算)。

【测试题目与内容】

竖直角测量及竖盘指标差计算。
用 DJ$_6$ 光学经纬仪测量竖直角。

【测试时间】

30 分钟。

【测试条件】

1. 仪器、工具：DJ$_6$ 光学经纬仪(含三脚架)、测钎、测伞、记录夹等。
2. 在测区地面上任意选择四个点 O、A、B、C，分别打入木桩，桩顶钉小钉表示点位。要求 O 点距离 A 点、B 点和 C 点 100 m 左右，且各距离有所不同。设置各点高程有明显区别。

【测试要求及评分标准】

1. 严格按操作规程作业。
2. 要求对中误差≤±3 mm，整平误差≤1 格，两测回的竖直角及竖盘指标差互差≤±24″。
3. 记录和计算应完整、整洁、无错误；数据记录、计算均应填写在相应的测试报告中，记录表不可用橡皮修改，记录表以外的数据不作为考核结果。
4. 要求测量三个目标。
5. 测试评分标准见表 5-1。

表 5-1　　　　　　　　　　　测试评分标准(百分制)

测试内容	评分标准	配分
工作态度	仪器、工具轻拿轻放,搬仪器动作规范,装箱正确	10
仪器操作	操作熟练、规范,方法步骤正确、不缺项	30
读数	读数正确、规范	10
记录	记录正确、规范	10
计算	计算快速、准确、规范,计算检核正确	10
精度	精度符合要求	20
综合印象	动作规范、熟练,文明作业	10
合计		100

【测试说明及注意事项】

1. 测试准备工作:自备计算用纸、笔(钢笔或圆珠笔)、计算器等,抽题。
2. 提供"竖直角测量及竖盘指标差检验技能测试报告"给考生,测试结束后考生将该测试报告上交。
3. 测试过程中,安排两名辅助人员配合考生完成测试任务。
4. 测试过程中,任何人不得提示,考生应独立完成全部工作。
5. 主考人有权随时检查考生是否符合操作规程及技术要求,但应相应折减所影响的时间。
6. 对于作弊行为,一经发现一律按零分处理,且不得参加补考。
7. 测试时间自领取仪器开始,至递交测试报告与仪器时终止。

【测试报告】

测试报告见表 5-2。

表 5-2　　　　　**竖直角测量及竖盘指标差检验技能测试报告**

考生姓名:_____　　考评日期:_____　　考评员:_____　　成绩:_____

测试题目	竖直角测量及竖盘指标差检验					
主要仪器及工具						
天气			仪器号码			
测站点	目标	竖盘位置	竖盘读数/(° ′ ″)	半测回竖直角/(° ′ ″)	竖盘指标差/(″)	一测回竖直角/(° ′ ″)	备注

【测试成绩评定表】

表 5-3 用于考评员给考生评定成绩,最后连同考生测试报告归档保存。

表 5-3　　　　　　　　　　测试成绩评定表(百分制)

考生姓名:_____　　考评日期:_____　　开始时间:_____　　结束时间:_____

项目	考核内容	配分	扣分	得分	监考教师评分依据记录
工作态度	仪器、工具轻拿轻放,搬仪器动作规范,装箱正确	10			
仪器操作	操作熟练、规范,方法步骤正确、不缺项	30			
读数	读数正确、规范	10			
记录	记录正确、规范	10			
计算	计算快速、准确、规范,计算检核正确	10			
精度	精度符合要求	20			
综合印象	动作规范、熟练,文明作业	10			
总扣分及说明					
最后得分		考评员签字		主考人签字	

【其他变数与说明】

1. 其他变数

(1)可以改变目标数以调整测试工作量。

(2)仪器可以换成 DJ₂ 光学经纬仪,也可以换成电子经纬仪。测试时可以适当调整。

2. 技能的用途

竖直角观测的目的是将观测的倾斜距离化算为水平距离和三角高程测量。

技能测试六
DJ₆光学经纬仪的检验与校正

【测试核心技能】

1. 经纬仪的正确使用。
2. 经纬仪的检验与校正。

【测试题目与内容】

经纬仪的检验与校正。

检验经纬仪各条轴线之间的几何关系是否满足要求,若不满足要求,则进行校正,直到满足要求。

【测试时间】

120 分钟。

【测试条件】

1. 仪器、工具:DJ₆光学经纬仪(含三脚架)、标杆、皮尺、三角板、测伞、记录夹、校正针、旋具等。

2. 场地要求:选择一墙壁,墙面垂直、清洁,以便在墙上选择点位,墙体前有一定空地,便于安置仪器和安放照准标志。

【测试要求及评分标准】

1. 严格按操作规程作业。
2. 观测、记录、计算和相关叙述内容应完整、整洁、无错误,并按要求记录在相应的测试报告中,记录表以外的数据与文字不作为考核结果。
3. 对DJ₆光学经纬仪,$i \leqslant \pm 20''$,若超限,则需要校正。

4.测试评分标准见表6-1。

表6-1　　　　　　　　　　　测试评分标准(百分制)

测试内容	评分标准	配分
工作态度	仪器、工具轻拿轻放,搬仪器动作规范,装箱正确,操作熟练、规范	10
安置经纬仪	三脚架架头大致水平,仪器完成粗平	5
一般性检验	是否全面完整	5
照准部水准管轴的检校	检验与校正方法、过程、记录是否正确	10
(1)照准部水准管轴的检验	是否需要校正,判断是否正确	
(2)照准部水准管轴的校正	校正结果如何	
十字丝竖丝的检校	检验与校正方法、过程、记录是否正确	10
(1)十字丝竖丝的检验	是否需要校正,判断是否正确	
(2)十字丝竖丝的校正	校正结果如何	
视准轴与横轴的检校	场地选择是否合适,检验与校正方法、过程、记录是否正确	20
(1)视准轴与横轴的检验	是否需要校正,判断是否正确	
(2)视准轴与横轴的校正	校正结果如何	
横轴与竖盘的检校	场地选择是否合适,检验与校正方法、过程、记录是否正确	10
(1)横轴与竖盘的检验	是否需要校正,判断是否正确	
(2)横轴与竖盘的校正	校正结果如何	
竖盘指标差的检校	检验与校正方法、过程、记录是否正确	20
(1)竖盘指标差的检验	是否需要校正,判断是否正确	
(2)竖盘指标差的校正	校正结果如何	
结论及综合印象	结论是否正确;动作规范、熟练,文明作业	10
合计		100

【测试说明及注意事项】

1.测试准备工作:自备计算用纸、笔(钢笔或圆珠笔)、计算器等,抽题。

2.提供"DJ_6光学经纬仪的检验与校正技能测试报告"给考生,测试结束后考生将该测试报告上交。

3.测试过程中,安排两名辅助人员配合考生完成测试任务。

4.测试过程中,任何人不得提示,考生应独立完成全部工作。

5.主考人有权随时检查考生是否符合操作规程及技术要求,但应相应折减所影响的时间。

6.对于作弊行为,一经发现一律按零分处理,且不得参加补考。

7.测试时间自领取仪器开始,至递交测试报告与仪器终止。

【测试报告】

测试报告见表6-2。

表6-2　　　　**DJ₆光学经纬仪的检验与校正技能测试报告**

考生姓名：_____　　考评日期：_____　　考评员：_____　　成绩：_____

测试题目	DJ₆光学经纬仪的检验与校正		
主要仪器及工具			
天气		仪器号码	

(1) 一般性检验结果是：三脚架（　　），水平制动与微动螺旋（　　），望远镜制动与微动螺旋（　　），照准部转动（　　），望远镜转动（　　），望远镜成像（　　），脚螺旋（　　），其他螺旋（　　）。

	水准管平行一对脚螺旋时气泡位置图	照准部旋转180°后水准管气泡的位置图	照准部旋转180°后水准管气泡应有的正确位置图	是否需要校正
(2) 水准管轴的检验				

	检验开始时望远镜视场图	检验终了时望远镜视场图	正确的望远镜视场图	是否需要校正
(3) 十字丝竖丝的检验				

		仪器安置点	目标	盘位	水平度盘读数	平均读数
(4) 视准轴的检验	盘左、盘右读数法	A	G	盘左		
				盘右		
		检验	计算 2C＝盘左读数－（盘右读数±180°）			
			是否需要校正			

	仪器安置点	目标	盘位	竖直度盘读数	平均读数
(5) 横轴的检验	A（竖直角大于30°）	M	盘左		
			盘右		
	检验	计算 $i=\dfrac{\Delta\cot\alpha}{2S}\rho$　式中：$\alpha=\dfrac{1}{2}(\alpha_{左}-\alpha_{右})$			
		是否需要校正			

(续表)

	仪器安置点	目标	盘位	竖盘读数	竖直角
（6）竖盘指标差检验	A	G	盘左		
			盘右		
	检验	计算竖盘指标差			
		是否需要校正			

（7）校正方法简述	水准管轴	
	十字丝竖丝	
	视准轴	
	横轴	
	竖盘指标差	

（8）结论	

【测试成绩评定表】

表 6-3 用于考评员给考生评定成绩,最后连同考生测试报告归档保存。

表 6-3　　　　　　　　　　　　测试成绩评定表(百分制)

考生姓名:_____ 考评日期:_____ 开始时间:_____ 结束时间:_____

项目	考核内容	配分	扣分	得分	监考教师评分依据记录
工作态度	仪器、工具轻拿轻放,取放、搬动仪器动作规范,操作熟练、规范	10			
安置经纬仪	三脚架架头大致水平,仪器粗平	5			
一般性检验	是否全面完整	5			
照准部水准管轴的检校	检验与校正方法、过程、记录是否正确	10			
(1)照准部水准管轴的检验	是否需要校正,判断是否正确				
(2)照准部水准管轴的校正	校正结果如何				
十字丝竖丝的检校	检验与校正方法、过程、记录是否正确	10			
(1)十字丝竖丝的检验	是否需要校正,判断是否正确				
(2)十字丝竖丝的校正	校正结果如何				
视准轴与横轴的检校	场地选择是否合适,检验与校正方法、过程、记录是否正确	20			
(1)视准轴与横轴的检验	是否需要校正,判断是否正确				
(2)视准轴与横轴的校正	校正结果如何				
横轴与竖盘的检校	场地选择是否合适,检验与校正方法、过程、记录是否正确	10			
(1)横轴与竖盘的检验	是否需要校正,判断是否正确				
(2)横轴与竖盘的校正	校正结果如何				
竖盘指标差的检校	检验与校正方法、过程、记录是否正确	20			
(1)竖盘指标差的检验	是否需要校正,判断是否正确				
(2)竖盘指标差的校正	校正结果如何				
结论及综合印象	结论是否正确;动作规范、熟练,文明作业	10			
总扣分及说明					
最后得分		考评员签字		主考人签字	

【其他变数与说明】

1.根据具体条件,可降低测试难度,如不要求校正操作,改成填表叙述或口答校正过程。

2.测试过程中,如果测评员等条件有限,则可根据具体条件,要求考生把检验过程描述于测试报告中。

3.每项测量工作开始前,检查仪器是否处于良好状态,即仪器误差是否在规定允许的范围内,若超限,则进行校正操作或送仪器检修校正单位校正,确保仪器处于良好状态。

4.一般规定,工程所用测量仪器每年至少检校一次,并由有仪器检修校正资质的单位出具检校证明。

技能测试七
全站仪的使用

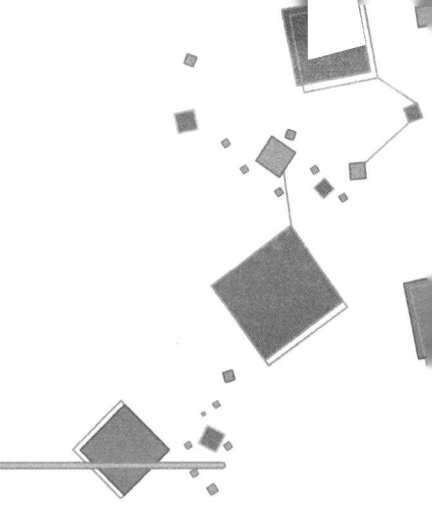

【测试核心技能】

1. 全站仪的使用。
2. 利用全站仪进行角度和距离测量以及碎部测量等。

【测试题目与内容】

全站仪进行角度和距离测量以及碎部测量的全过程。
观测教学楼 10 个地物点。

【测试时间】

90 分钟。

【测试条件】

1. 仪器、工具:全站仪(含三脚架)、对中杆棱镜、测伞、记录板、记录纸等。
2. 场地要求:1 号教学楼。实训辅助人数:2 人(1 人定向、1 人跑点)。

【测试要求及评分标准】

1. 严格按操作规程作业。
2. 记录和计算应完整、整洁、无错误。
3. 数据记录、计算、检核及结果计算均应填写在相应的测试报告中,记录表以外的数据不作为考核结果。

4. 测试评分标准见表 7-1。

表 7-1　　　　　　　　　测试评分标准(百分制)

项目	考核内容	配分	评分标准
主要项目	仪器部件的识别	10	1. 部件识别错误一次扣 5 分 2. 观测精度不符合要求一次扣 2 分 3. 测试过程中超限一次扣 5 分 4. 仪器操作错误或不合理一次扣 5 分
	仪器的安置	10	
	设置测距参数	10	
	设置作业	5	
	已知点的录入	10	
	设置测站点	10	
	设置定向	10	
	测量、记录	20	
	坐标查阅	5	
安全文明生产	安全生产	5	
	爱护仪器设备	5	
合计		100	

【测试说明及注意事项】

1. 测试准备工作：自备计算用纸、笔(钢笔或圆珠笔)、计算器等，抽题。
2. 提供"全站仪的使用技能测试报告"给考生，测试结束后考生将该测试报告上交。
3. 测试过程中，安排两名辅助人员配合考生完成测试任务。
4. 测试过程中，任何人不得提示，考生应独立完成全部工作。
5. 主考人有权随时检查考生是否符合操作规程及技术要求，但应相应折减所影响的时间。
6. 对于作弊行为，一经发现一律按零分处理，且不得参加补考。
7. 测试时间自领取仪器开始，至递交测试报告与仪器时终止。

【测试报告】

测试报告见表 7-2～表 7-4。

表 7-2　　　　　　　　　　　全站仪的使用技能测试报告

考生姓名：_____　　考评日期：_____　　考评员：_____　　成绩：_____

测试题目	全站仪的使用
主要仪器及工具	
天气	仪器号码

测站点点号：_____（$x=$ _____，$y=$ _____）
定向点点号：_____（$x=$ _____，$y=$ _____）

点号	x	y

表 7-3　　　　　　　　　　　　　水平角观测记录表

仪器型号：_____　　天气：_____　　观测时间：_____　　观测员：_____　　成绩：_____

测回数	照准方向	盘位	水平度盘读数/(° ′ ″)	半测回角值/(° ′ ″)	2C/(″)	一测回角值/(° ′ ″)	互差/(″)	各测回平均值/(° ′ ″)	备注
Ⅰ		盘左							
		盘右							
Ⅱ		盘左							
		盘右							
		盘左							
		盘右							
		盘左							
		盘右							

表 7-4　　　　　　　　　　　　　左右水平距离测量记录表

测站点气温：_____　　　　测站点气压：_____

照准方向	盘位及测回	读数 1/m	读数 2/m	读数 3/m	互差/mm	距离值/m	均值/m	备注
	盘左 1							
	盘右 1							
	盘左 2							
	盘右 2							
	盘左 3							
	盘右 3							

【测试成绩评定表】

表 7-5 用于考评员给考生评定成绩，最后连同考生测试报告归档保存。

表 7-5　　　　　　　　　　　　测试成绩评定表(百分制)

考生姓名：_____　　考评日期：_____　　开始时间：_____　　结束时间：_____

项目	考核内容	配分	扣分	得分	监考教师评分依据记录
主要项目	仪器部件的识别	10			
	仪器的安置	10			
	设置测距参数	5			
	设置作业	10			
	已知点的录入	10			
	设置测站点	10			
	设置定向	10			
	测量、记录	20			
	坐标查阅	5			
安全文明生产	安全生产	5			
	爱护仪器设备	5			
总扣分及说明					
最后得分		考评员签字		主考人签字	

【其他变数与说明】

1. 其他变数

如进行坐标测量或放样，调整测试用时。

2. 技能的用途

该技能常用于施工放样、测绘地形图等。

技能测试八
钢尺量距和视距测量

【测试核心技能】

1. 钢尺的正确使用。
2. 直线定线的方法。
3. 钢尺量距的一般方法与结果计算。
4. 视距测量方法与观测结果计算。

【测试题目与内容】

钢尺量距的一般方法。

目估定线,同时用钢尺丈量两点之间的水平距离,并完成外业测量与内业计算的全过程。

视距测量,用经纬仪测定两点的水平距离和高差。

【测试时间】

60 分钟。

【测试条件】

1. 仪器、工具:经纬仪、水准尺、30 m 钢尺、标杆、测钎、木桩、斧头、记录板、书包等。
2. 在实训场地相距 100~150 m 的 A 点和 B 点各打一木桩,作为直线的端点桩,木桩上钉小铁钉或画十字线作为点位标志,木桩高出地面 2 cm。A 点和 B 点之间场地以稍有起伏为好,但要通视良好。

【测试要求及评分标准】

1. 严格按操作规程作业。
2. 记录和计算应完整、整洁、无错误。
3. 数据记录、计算及结果计算均应填写在相应的测试报告中,记录表不可用橡皮修改,记录表以外的数据不作为考核结果。

4. 直线定线采用目估定线,精度要求:$K_容 = 1/3\,000$。

5. 测试评分标准见表 8-1。

表 8-1　　　　　　　　　　　测试评分标准(百分制)

测试内容	评分标准	配分
工作态度	仪器、工具使用正确,有团队协作意识等	10
操作过程	操作熟练、规范,方法步骤正确、不缺项	30
读数	读数正确、规范	10
记录	记录正确、规范	10
计算	计算快速、准确、规范、齐全	10
精度	精度符合要求	20
综合印象	动作规范、熟练,文明作业	10
合　计		100

【测试说明及注意事项】

1. 测试准备工作:自备计算用纸、铅笔、小刀、钢笔或圆珠笔、计算器等,抽题。

2. 提供"钢尺量距的一般方法技能测试报告"给考生,测试结束后考生将该测试报告上交。

3. 测试过程中,安排两名辅助人员配合考生完成测试任务。

4. 测试过程中,任何人不得提示,考生应独立完成全部工作。

5. 主考人有权随时检查考生是否符合操作规程及技术要求,但应相应折减所影响的时间。

6. 对于作弊行为,一经发现一律按零分处理,且不得参加补考。

7. 测试时间自领取测量仪器开始,至递交测试报告与仪器终止。

【测试报告】

测试报告见表 8-2。

表 8-2　　　　　　　钢尺量距的一般方法技能测试报告

考生姓名:_____　　考评日期:_____　　考评员:_____　　成绩:_____

测试题目	钢尺量距的一般方法							
主要测量器具								
天气					钢尺号码			
测量起止点	测量方向	整尺段长度/m	整尺段数	零尺段长度/m	总计/m	平均距离/m	相对误差	
辅助计算 备注								

视距测量记录表见表 8-3。

表 8-3　　　　　　　　　　视距测量记录表
测站点：A　　测站高程：54.06 m　　仪器高 i：1.47缀 m　　竖盘指标差：+1′
日期：_____　　班组：_____　　姓名：_____　　仪器编号：_____

观测点	视距间隔/m	中丝读数/m	竖盘读数/(°′″)	竖直角/(°′″)	高差/m	水平角/(°′″)	平距/m	高程/m	备注

【测试成绩评定表】

表 8-4 用于考评员给考生评定成绩，最后连同考生测试报告归档保存。

表 8-4　　　　　　　　　　测试成绩评定表（百分制）
考生姓名：_____　　考评日期：_____　　开始时间：_____　　结束时间：_____

项目	考核内容	配分	扣分	得分	监考教师评分依据记录
工作态度	仪器、工具使用正确，有团队协作意识等	10			
操作过程	操作熟练、规范，方法步骤正确、不缺项	30			
读数	读数正确、规范	10			
记录	记录正确、规范	10			
计算	计算快速、准确、规范、齐全	10			
精度	精度符合要求	20			
综合印象	动作规范、熟练，文明作业	10			
总扣分及说明					
最后得分		考评员签字		主考人签字	

说明：钢尺量距成绩与视距测量成绩各占 50%。

【其他变数与说明】

1. 其他变数

(1) 一般采用边定线边丈量、整尺段加零尺段的方法，可视具体情况灵活掌握。

(2) 根据测区难易程度，可以适当调整精度要求，如将 $K_{容}=1/3\,000$ 调整为 $K_{容}=1/2\,000$ 或 $K_{容}=1/5\,000$。

2. 技能的用途

此方法为水平距离测量的基本方法。

技能测试九

罗盘仪定向与导线坐标方位角的推算

【测试核心技能】

1. 使用罗盘仪测定磁方位角。
2. 根据已知边的坐标方位角和水平角推算未知边的坐标方位角。

【测试题目与内容】

罗盘仪定向与导线坐标方位角的推算。

每人观测一条直线的正、反方位角观测两次并记录。根据已知边的坐标方位角和水平角推算未知边的坐标方位角。

【测试时间】

60 分钟。

【测试条件】

1. 仪器、工具：罗盘仪、标杆、记录板、书包等。
2. 在实训场地相距 60～80 m 的 A 点和 B 点各打一木桩，作为直线的端点桩，木桩上钉小铁钉或画十字线作为点位标志。A 点和 B 点之间要求通视良好。

【测试要求及评分标准】

1. 严格按操作规程作业。
2. 记录和计算应完整、整洁、无错误。
3. 数据记录、计算均应填写在相应的测试报告中，记录表不可用橡皮修改，记录表以外的数据不作为考核结果。
4. 测试评分标准见表 9-1。

技能测试九 罗盘仪定向与导线坐标方位角的推算

表 9-1　　　　　　　　　　　测试评分标准(百分制)

项目	考核内容	配分	评分标准
主要项目	仪器部件的识别	10	1.部件识别错误一次扣5分 2.读数、记录、精度不符合要求一次扣2分 3.仪器操作中超限一次扣5分 4.仪器操作错误或不合理一次扣5分 5.计算错误一次扣5分
主要项目	仪器的安置	10	
主要项目	操作过程	20	
主要项目	读数、记录	25	
主要项目	计算	25	
安全文明生产	安全生产	5	
安全文明生产	爱护仪器、设备	5	
合　计			100

【测试说明及注意事项】

1.测试准备工作:自备计算用纸、铅笔、小刀、钢笔或圆珠笔、计算器等,抽题。

2.提供"罗盘仪定向与导线坐标方位角的推算技能测试报告"给考生,测试结束后考生将该测试报告上交。

3.测试过程中,安排两名辅助人员配合考生完成测试任务。

4.测试过程中,任何人不得提示,考生应独立完成全部工作。

5.主考人有权随时检查考生是否符合操作规程及技术要求,但应相应折减所影响的时间。

6.对于作弊行为,一经发现一律按零分处理,且不得参加补考。

7.测试时间自领取测量仪器开始,至递交测试报告与仪器终止。

【测试报告】

测试报告见表 9-2。

表 9-2　　**罗盘仪定向与导线坐标方位角的推算技能测试报告**

考生姓名:＿＿＿＿＿　　考评日期:＿＿＿＿＿　　考评员:＿＿＿＿＿　　成绩:＿＿＿＿＿

测试题目	罗盘仪定向与导线坐标方位角的推算		
主要测量器具			
天气		仪器号码	|//
罗盘仪测量记录表			

测站点	测点	磁方位角或象限角	平均值	备注

导线坐标方位角的推算

导线坐标方位角的推算
如图 9-1 所示,已知 $\alpha_{12}=50°30'$, $\beta_2=125°36'$, $\beta_3=121°36'$,则其余各边的导线坐标方位角为:

$\alpha_{23}=$

$\alpha_{34}=$

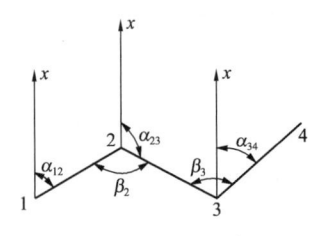

图 9-1 推算导线坐标方位角

【测试成绩评定表】

表 9-3 用于考评员给考生评定成绩,最后连同测试报告归档保存。

表 9-3　　　　　　　测试成绩评定表(百分制)

考生姓名:_____　考评日期:_____　开始时间:_____　结束时间:_____

项目	考核内容	配分	扣分	得分	监考教师评分依据记录
主要项目	仪器部件的识别	10			
	仪器的安置	10			
	操作过程	20			
	读数、记录	25			
	计算	25			
安全文明生产	安全生产	5			
	爱护仪器、设备	5			
总扣分及说明					
最后得分		考评员签字		主考人签字	

【其他变数与说明】

1. 其他变数

(1)罗盘仪分为方位罗盘和象限罗盘,可测试任意一种。
(2)导线坐标方位角的推算可给定水平角(左角或右角)。

2. 技能的用途

罗盘仪定向主要用于地形图测绘,测定某直线的磁方位角作为起始边的坐标方位角(假定坐标系统)。

导线坐标方位角的推算主要用于导线测量坐标计算(坐标正算)。

技能测试十
GPS接收机静态观测

【测试核心技能】

1. GPS接收机的认识与使用。
2. GPS接收机的外业观测工作方法。

【测试题目与内容】

GPS接收机的外业观测工作方法。

【测试时间】

120分钟。

【测试条件】

1. 仪器、工具：GPS接收机（含三脚架）、钢卷尺、记录板、记录纸等。
2. 选择较开阔的测试场地。

【测试要求及评分标准】

1. 严格按操作规程作业。
2. 记录和计算应完整、整洁、无错误。
3. 数据记录、计算及结果计算均应填写在相应的测试报告中，记录表以外的数据不作为考核结果。
4. 测试评分标准见表10-1。

表 10-1　　　　　　　　　　测试评分标准（百分制）

项目	考核内容及要求	配分	评 分 标 准
主要项目	熟悉 GPS 接收机测量规范	15	1.未按规范进行技术设计扣 10 分 2.未按规范进行合理调度扣 5 分 3.观测时间不满足要求扣 5 分 4.对中、整平不合格扣 5 分 5.天线高测量错误扣 5 分 6.测量手簿记录不完整扣 5 分 7.未按统一安排擅自移动仪器扣 10 分
主要项目	技术设计合理	15	
主要项目	调度方案合理	15	
主要项目	观测时间满足规范要求	10	
一般项目	对中、整平合格	10	
一般项目	仪器操作正确	10	
一般项目	天线高测量正确	10	
一般项目	正确填写测量手簿	10	
安全文明生产	安全生产	2	
安全文明生产	爱护仪器设备	3	
合计			100

【测试说明及注意事项】

1.使用仪器过程中,需把仪器装入仪器箱内放稳并锁好,然后由专人随身携带,避免碰撞。

2.在取出仪器前,首先检查三脚架是否安稳、放好,在箱中取出仪器或将其安于三脚架上时,应一手握住基座,一手拿住天线。

3.将仪器安装在三脚架上之后,应立即用中心螺旋将光学对中器固定,并用光学对中器固定天线。

4.在测量前要测量仪器高,即从地面点到天线中心的高度,并记录或者输入到控制器中。

5.进行静态观测时,要同时开机和关机,避免周围遮挡物的影响。

6.测试过程中,安排两名辅助人员配合考生完成测试任务。

7.测试过程中,任何人不得提示,考生应独立完成全部工作。

8.主考人有权随时检查考生是否符合操作规程及技术要求,但应相应折减所影响的时间。

9.对于作弊行为,一经发现一律按零分处理,且不得参加补考。

10.测试时间自领取仪器开始,至递交测试报告与仪器终止。

11.提供"GPS 接收机静态观测技能测试报告"给考生,测试结束后考生将该测试报告上交。

【测试报告】

测试报告见表10-2。

表 10-2　　　　GPS接收机静态观测技能测试报告

考生姓名：_____　　考评日期：_____　　考评员：_____　　成绩：_____

测试题目	GPS接收机静态观测	
天气		仪器号码

GPS接收机号：_____　　天线高：1：_____　2：_____

开始时间：_____　　结束时间：_____

观测状况记录

电池_____

跟踪卫星_____

接收卫星_____

采样间隔_____

观测时间指示器_____

本点为：新建_____等GPS点

　　　　_____等GPS旧点

　　　　_____等三角点

　　　　_____水准点

【测试成绩评定表】

表10-3用于考评员给考生评定成绩，最后连同考生测试报告归档保存。

表 10-3　　　　测试成绩评定表（百分制）

考生姓名：_____　考评日期：_____　开始时间：_____　结束时间：_____

项目	测试内容	配分	操作要求及评分标准	扣分	得分	监考教师评分依据记录
主要项目	熟悉GPS接收机测量规范	15	1.未按规范进行技术设计扣10分 2.未按规范进行合理调度扣5分 3.观测时间不满足要求扣5分 4.对中、整平不合格扣5分 5.天线高测量错误扣5分 6.测量手簿记录不完整扣5分 7.未按统一安排擅自移动仪器扣10分			
主要项目	技术设计合理	15	^			
主要项目	调度方案合理	15	^			
主要项目	观测时间满足规范要求		^			
一般项目	对中、整平合格	10	^			
一般项目	仪器操作正确	10	^			
一般项目	天线高量取正确	10	^			
一般项目	正确填写测量手簿	10	^			
安全文明生产	安全生产	2	^			
安全文明生产	爱护仪器、设备	3	^			
总扣分及说明						
最后得分		考评员签字		主考人签字		

【其他变数与说明】

1. 其他变数

若观测工作量减小,则相应减少测试时间。

2. 技能的用途

该技能用于控制测量和测绘地形图等。

技能测试十一

四等水准测量

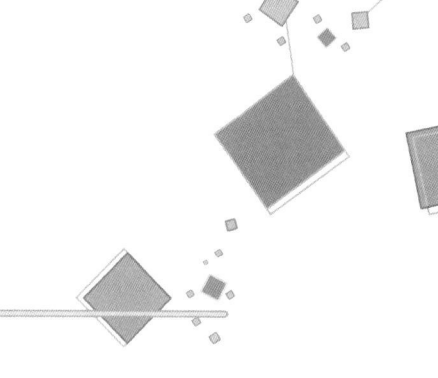

【测试核心技能】

1. 用 DS_3 微倾式水准仪、双面水准尺进行四等水准测量的线路布设、观测、记录和计算。
2. 掌握高程控制测量的方法。

【测试题目与内容】

闭合水准测量。

用四等水准测量方法完成该工作任务的观测、记录和计算检核,并求出未知点的高程。

【测试时间】

90 分钟。

【测试条件】

1. 仪器、工具:DS_3 微倾式水准仪(含三脚架)、水准尺、计算器、尺垫、测伞、记录夹等。
2. 在测试现场选定一已知高程的点 BM_A,其高程为 200.000 m。指定两个未知待测点,分别打入木桩表示Ⅰ、Ⅱ两点,桩顶钉圆帽钉。点Ⅰ距离点 BM_A 100~200 m,点Ⅱ距离点Ⅰ 150~200 m,点Ⅱ距离点 BM_A 100~150 m。

【测试要求及评分标准】

1. 设测量两点间的距离约为 500 m,中间设 4 个转点,共设站 4 次。
2. 读数时确保水准管气泡影像错动≤1 mm,若使用自动安平水准仪,则要求补偿指标线不脱离小三角形。
3. 每站前、后视距差≤±5 m,前、后视距累积差≤±10 m。

4. 记录和计算应完整、清洁、字体工整、无错误;

5. 观测顺序按"后—前—前—后"(黑—黑—红—红)进行。

6. 红黑面读数差≤±3 mm;红黑面高差之差≤±5 mm。

7. 测试评分标准及技术要求见表 11-1 和表 11-2。

表 11-1　　　　　　　　　　　测试评分标准(百分制)

项目	考核内容	配分	评分标准	
主要项目	视距长度	8	超限一次扣 1 分	计算错误一次扣 1 分
	每一站前、后视距差	8	超限一次扣 1 分	
	前、后视距累积差	8	超限一次扣 1 分	
	基、辅分划读数差	8	超限一次扣 2 分	
	基、辅分划所测高差之差	8	超限一次扣 2 分	
	闭合水准路线高差闭合差	20	超限扣 20 分	
一般项目	整平	10	超限一次扣 2 分 操作错误一次扣 2 分	
	操作步骤	20		
安全文明生产	安全生产	5		
	爱护仪器、设备	5		
合　计			100	

表 11-2　　　　　　　　　　　技术要求

等级	视线高度/m	视距长度/m	前、后视距差/m	前、后视距累积差/m	基、辅分划读数差/mm	基、辅分划所测高差之差/mm	闭合立准路线高差闭合差/mm
四等	>0.2	≤80	≤±5.0	≤±10.0	≤±3.0	≤±5.0	≤±20$\sqrt{L}$

注:表中 L 为路线总长,以 km 为单位。

【测试说明及注意事项】

1. 测试准备工作:自备计算用纸、笔(钢笔或圆珠笔)、计算器等,抽题。

2. 提供"四等水准测量技能测试报告"给考生,测试结束后考生将该测试报告上交。

3. 测试过程中,安排两名辅助人员配合考生完成测试任务。

4. 测试过程中,任何人不得提示,考生应独立完成全部工作。

5. 主考人有权随时检查考生是否符合操作规程及技术要求,但应相应折减所影响的时间。

6. 对于作弊行为,一经发现一律按零分处理,且不得参加补考。

7. 测试时间自领取仪器开始,至递交测试报告与仪器终止。

【测试报告】

测试报告见表 11-3。

表 11-3　　　　　　　　　　四等水准测量技能测试报告

考生姓名：_____　　考评日期：_____　　考评员：_____　　成绩：_____

测试题目	四等水准测量		
主要仪器及工具			
天气		仪器号码	

测站点	点号	后尺 上丝 / 下丝 / 后视距/m / 视距差/m	前尺 上丝 / 下丝 / 前视距/m / 累积差/m	方向及尺号	水准尺读数/m 黑面	水准尺读数/m 红面	($k+$ 黑−红)/ m	高差中数/m
		(1)	(4)	后	(3)	(8)	(9)	
		(2)	(5)	前	(6)	(7)	(10)	
		(15)	(16)	后−前	(11)	(12)	(13)	(14)
		(17)	(18)					
				后				
				前				
				后−前				
				后				
				前				
				后−前				
				后				
				前				
				后−前				
				后				
				前				
				后−前				
				后				
				前				
				后−前				
验算								

注：$k_1=$　　　　　　　　$k_2=$
　　水准管气泡影像重合偏差：_____ mm（主考人填写）
　　主考人：_____

【测试成绩评定表】

表11-4用于考评员给考生评定成绩,最后连同测试报告归档保存。

表 11-4　　　　　　　　　　测试成绩评定表(百分制)

考生姓名:_____　　考评日期:_____　　开始时间:_____　　结束时间:_____

项目	考核内容	配分	扣分	得分	监考教师评分依据记录
主要项目	视距长度	8			
	每一站前、后视距差	8			
	前、后视距累积差	8			
	基、辅分划读数差	8			
	基、辅分划所测高差之差	8			
	闭合水准路线高差闭合差	20			
一般项目	整平	10			
	操作步骤	20			
安全文明生产	安全生产	5			
	爱护仪器、设备	5			
总扣分及说明					
最后得分		考评员签字		主考人签字	

【其他变数与说明】

1. 其他变数

任务可以变换成附合水准路线;测试用时可根据工作任务做相应的调整。

2. 技能的用途

高程控制测量用于施工和测图。

技能测试十二
小区平面控制测量

【测试核心技能】

平面控制测量的外业观测和内业计算。

【测试题目与内容】

平面控制测量。

按照测量的精度要求,根据已知点测量未知待测点的平面位置,包括测距、测角的外业观测、记录与内业计算全过程。

【测试时间】

90 分钟。

【测试条件】

1. 仪器、工具:经纬仪或全站仪(含三脚架)、标杆、计算器、测伞、记录夹等。
2. 在测试现场选定已知的点 A、B。假定 $A-B$ 边方位角为 $100°$ 并提供坐标。指定 3 个未知待测点,分别打入木桩表示点 C、D、E,桩顶钉圆帽钉。C 点距离 A 点 $100\sim150$ m, B 点距离 E 点 $100\sim200$ m,D 点距离 A 点 $50\sim100$ m。
3. 闭合导线。

【测试要求及评分标准】

1. 严格按操作规程作业。
2. 记录和计算应完整、整洁、无错误。
3. 数据记录、计算、校核及结果计算均应填写在相应的测试报告中,记录表以外的数据不作为考核结果。

4. 测试评分标准见表12-1。

表12-1　　　　　　　　　　　测试评分标准（百分制）

项目	考核内容	配分	评分标准
主要项目	经纬仪或全站仪的使用	15	1.先三脚架后仪器,顺序错扣3分 2.全站仪使用不熟练,扣5分 3.控制点的选取不合理,每一点扣2分 4.控制点编号错,扣5分 5.外业观测时,超限一次扣5分 6.软件使用不熟练扣10分 7.角度闭合差超限扣10分 8.导线全长闭合差超限扣10分 9.中心螺旋未紧固扣3分 10.取出前动作不合理扣3分 11.仪器不会装箱扣2分 12.三脚架收拢后松动扣3分 13.光滑场地三脚架不采取措施扣5分
主要项目	控制点的选取	10	
主要项目	外业的观测	30	
主要项目	内业的计算	30	
一般项目	仪器使用规则	5	
安全文明生产	三脚架的紧固	3	
安全文明生产	仪器与中心螺旋的紧固	2	
安全文明生产	光滑场地防滑措施	5	
合计		100	

5. 主要技术要求见表12-2。

表12-2　　　　　　　　　图根导线测量的主要技术要求

级别	导线总长度/km	平均长度/m	测回数 DJ$_2$	测回数 DJ$_6$	测回差/(″)	方位角闭合差	导线全长相对闭合差	坐标闭合差/m	测角中误差/(″)
一级	1.2	120	1	2	±18	±24$\sqrt{n}$	1/5 000	±0.22	±10
二级	0.7	70		1		±40$\sqrt{n}$	1/3 000	±0.22	±3

注:n为测站数。当导线总长度小于500 m时,相对闭合差分别降为1/3 000和1/2 000,但坐标闭合差不变。

【测试说明及注意事项】

1.测试准备工作:自备计算用纸、笔(钢笔或圆珠笔)、计算器等,抽题。

2.提供"控制测量技能测试报告"给考生,测试结束后考生将该测试报告上交。

3.测试过程中,安排两名辅助人员配合考生完成测试任务。

4.测试过程中,任何人不得提示,考生应独立完成全部工作。

5.主考人有权随时检查考生是否符合操作规程及技术要求,但应相应折减所影响的时间。

6.对于作弊行为,一经发现一律按零分处理,且不得参加补考。

7.测试时间自领取仪器开始,至递交测试报告与仪器终止。

【测试报告】

测试报告见表12-3、表12-4。

表12-3　　　　　　　　　　　控制测量技能测试报告

考生姓名：_____　　考评日期：_____　　考评员：_____　　成绩：_____

测试题目	控制测量								
主要仪器及工具									
天气					仪器号码				

测站	目标	水平度盘读数/(° ′ ″)		2C/(″)	半测回角值/(° ′ ″)	一测回角值/(° ′ ″)	边号	水平距离/m	平均距离/m
		盘左	盘右						

表12-4　　　　　　　　　　　经纬仪导线坐标计算表

点号	实测内角/(° ′ ″)	角度改正数/(″)	改正后内角/(° ′ ″)	坐标方位角/(° ′ ″)	边长D/m	坐标增量计算值/m		改正后增量值/m		坐标值/m	
						$\Delta x_{i(i+1)}$	$\Delta y_{i(i+1)}$	$\Delta x_{i(i+1)}$	$\Delta y_{i(i+1)}$	x	y
∑											

辅助计算　　　　　　　　　　　　　　　　　　导线示意图

【测试成绩评定表】

表12-5用于考评员给考生评定成绩，最后连同考生测试报告归档保存。

表 12-5　　　　　　　　　测试成绩评定表（百分制）

考生姓名：_____　考评日期：_____　开始时间：_____　结束时间：_____

项 目	考核内容	配分	扣分	得分	监考教师评分依据记录
主要项目	经纬仪或全站仪的使用	15			
	控制点的选取	10			
	外业的观测	30			
	内业的计算	30			
一般项目	仪器使用规则	5			
安全文明生产	三脚架的紧固	3			
	仪器与中心螺旋的紧固	2			
	光滑场地防滑措施	5			
总扣分及说明					
最后得分		考评员签字		主考人签字	

【其他变数与说明】

1. 其他变数

(1) 任务可以变换成附合导线。

(2) 外业完成，即计算坐标。

2. 技能的用途

该技能主要用于施工和测图控制。

技能测试十三

经纬仪测绘地形图

【测试核心技能】

1. 能用经纬仪测绘地形图。
2. 掌握视距测量的观测、记录和计算方法。
3. 掌握三角高程测量、极坐标法测量碎部点的方法,具有绘制地形图的能力。
4. 正确表示符号,掌握符号之间的关系处理方法。

【测试题目与内容】

经纬仪法测绘地形图。
1. 竖直角观测、记录、计算。
2. 碎部点观测、记录、计算。
3. 测绘一地形较简单的小范围地形图:
(1) 用经纬仪和水准尺测定测站点至碎部点的水平角、水平距离及碎部点的高程。
(2) 完成该工作的记录和检核计算,求出水平距离及高程,并按 1∶1 000 比例尺绘出该碎部点。
(3) 对中误差≤±3 mm,水准管气泡偏差≤1 格。

【测试时间】

90 分钟。

【测试条件】

1. DJ_6 光学经纬仪(含三脚架)、水准尺、测伞、皮尺、量角器、比例尺、分规、视距表(或计算器)、绘图板、三角板、小钢卷尺、小针、橡皮、铅笔、图纸(500 mm×500 mm 坐标方格网纸) 1 张。

2.在测试现场选定两个控制点 A、B,在 A 点设站,后视点为 B 点,选择并测量周围碎部点。

3.已知 $A(1\,000.000,1\,000.000)$,$H_A=100.000$ m,AB 边的坐标方位角为 $0°00'30''$。

【测试要求及评分标准】

1.严格按操作规程作业。
2.记录、计算完整、整洁、无错误。
3.数据记录、计算、检核及结果计算均应填写在相应的测试报告中,记录表以外的数据不作为考核结果。
4.正确表示符号,掌握符号之间的关系处理方法,绘图规范。
5.测试评分标准见表13-1。

表13-1　　　　　　　　　　测试评分标准(百分制)

测试内容	评分标准	配分
工作态度	仪器、工具轻拿轻放,搬仪器动作规范,装箱正确	5
仪器操作	操作熟练、规范,方法步骤正确、不缺项	15
读数	读数正确、规范	10
记录	记录正确、规范	10
计算	计算快速、准确、规范,计算检核齐全	15
精度	精度符合要求	15
绘图	展点绘图方法步骤正确、规范	20
综合印象	动作规范、熟练,文明作业	10
合　计		100

【测试说明及注意事项】

1.在 A 点周围选择地物地貌特征点,用视距测量的方法测出并展绘在图纸上,测绘成果要求不少于1个建筑物和3个高程点,绘图比例尺为 1∶1 000。

2.严格按操作规程作业,记录规范整洁,计算、展点绘图完整。

3.数据记录、计算及结果均应填写在相应的测试报告中,记录表以外的数据不作为考核结果,展绘成果见图纸;测试完成,一并收回归档。

4.对中误差≤±3 mm,水准管气泡偏差≤1格;角度读数到分;仪器高,上、中、下丝读数和高差计算精确到厘米;水平距离和高差均精确到分米。

5.主考人有权随时检查考生是否符合操作规程及技术要求,但应相应折减所影响的时间。

6.对于作弊行为,一经发现一律按零分处理,且不得参加补考。

7.测试时间自领取仪器开始,至递交测试报告与仪器终止。

8.测试过程中,安排两名辅助人员配合考生完成测试任务。

【测试报告】

测试报告见表13-2。

表 13-2　　　　　　　　　　碎部点观测记录与计算表

考生姓名：_____　　考评日期：_____　　考评员：_____　　成绩：_____

测站点：_____　　　后视点：_____　　　仪器高：_____　　测站高程：_____

点号	视距读数			中丝读数 v/m	竖盘读数 L/(°　′)	水平读数 β/(°　′)	水平距离/m	碎部点高程/m
	上丝读数	下丝读数/m	上、下丝之差					

请将所测地形图粘贴在此处

主考人填写：

① 对中误差：_____ mm，扣分：_____

② 水准管气泡偏差：_____ 格，扣分：_____

③ 卷面整洁情况：_____，扣分：_____

主考人：_____

【测试成绩评定表】

表13-3用于考评员给考生评定成绩，最后连同考生测试报告归档保存。

表 13-3　　　　　　　　　　测试成绩评定表(百分制)

考生姓名：_____　　考评日期：_____　　开始时间：_____　　结束时间：_____

项目	考核内容	配分	扣分	得分	监考教师评分依据记录
工作态度	仪器、工具轻拿轻放，搬仪器动作规范，装箱正确	5			
仪器操作	操作熟练、规范，方法步骤正确、不缺项	15			
读数	读数正确、规范	10			
记录	记录正确、规范	10			
计算	计算快速、准确、规范，计算检核齐全	15			
精度	精度符合要求	15			
绘图	展点绘图方法步骤正确、规范	20			
综合印象	动作规范、熟练，文明作业	10			
总扣分及说明					
最后得分		考评员签字		主考人签字	

【其他变数与说明】

1. 其他变数

(1)任务可以变换成经纬仪配合平板仪联合测图。

(2)任务可以变换成大平板仪测绘法。

2. 技能的用途

该技能是广泛应用于地形图绘制的传统方法。

技能测试十四

全站仪测绘大比例尺数字地形图(选做)

【测试核心技能】

1. 熟悉全站仪测图的基本原理和基本方法。
2. 熟悉数字化地形图的测绘工序,熟悉草图的绘制方法。
3. 熟悉 CASS 9.0 软件,能进行数字化地形图的编制工作。

【测试题目与内容】

1. 全站仪测绘大比例尺数字地形图:测绘一地形较简单的小范围地形图。
2. 按 1∶500 测地形图的要求,完成至少 100 个碎部点的观测任务。
3. 现场地形素描:数字测图同时,在图板上标出各碎部点点位及其高程,勾画出地形线及等高线略图,同时注记地物情况。
4. 数据处理:外业完成后,将全站仪内存中观测数据传输到计算机中,然后应用软件进行数据处理,输入各有关说明数据,输出到绘图机生成机制地形图。

【测试时间】

120 分钟。

【测试条件】

1. 全站仪(含三脚架)、对中杆棱镜、测伞等。
2. 在测试现场选定两个控制点 A 和 B,在 A 点设站,后视点为 B 点,选择并测量周围碎部点。
3. 已知 A(1 000.000,1 000.000),H_A=100.000 m,AB 边的坐标方位角 0°00′30″。
4. 从已知点开始沿导线方向设站及编号,安置全站仪,整平、对中后开机,瞄准另一个已知控制点为后视点,输入坐标、方位角、高程、仪器高、镜高等已知数据,并相继测出各图根点的坐标,最后闭合到起始点。在各图根点观测中,进行图根点范围内地形测量,测得各碎部点的坐标并存入机内。
5. 外业结束到实训室把全站仪内存中观测数据传输到计算机中。

【测试要求及评分标准】

1.严格按操作规程作业。规范设置测站点,设置后视点,碎部测量,现场地形素描及测站检测。

2.数据记录、计算、校核及结果计算均应填写在相应的测试报告中,记录表以外的数据不作为考核结果。

3.画出草图。

4.测试评分标准见表14-1。

表 14-1　　　　　　　　　　　测试评分标准

项目	测评内容	评分标准	配分
测图精度	边长检查	检查内容为明显的地物,如房屋的长度、道路的宽度等。要求相邻地物点间距的中误差小于0.15 m。共检查5处,每超限一处扣2分,扣完为止	10分
	高程检查	检查内容为明显的地物,如房屋的散水点、道路的中心。要求高程注记点相对于邻近图跟点的高程中误差小于测图比例尺基本等高距的1/3(0.15) m。共检查5处,每超限一处扣2分,扣完为止	10分
	坐标检查	检查内容为明显的地物,如房屋的角点、道路的拐点、雨篦中心等。要求点位中误差小于0.15 m。共检查10处,每超限一处扣2分,扣完为止	15分
仪器操作	定向检查	碎部点采集前未进行定向检查,每漏一处扣2分,扣完为止	5分
	仪器搬站	迁站时未保持仪器竖立,每次扣2分,扣完为止	5分
	操作安全	违反操作规程或存在其他不安全操作行为,每发生一次扣2分,扣完为止	5分
地形图编绘	错误及违规	出现重大错误或重大违规扣10分,一般性错误或违规扣1~5分,扣完为止	15分
	完整性与正确性	图上内容取舍合理,主要地物(指房屋、道路与花台)漏测一项扣2分,次要地物(指路灯、窨井、高程点等)漏测一项扣2分,扣完为止	15分
	符号和注记	地形图符号和注记用错一项扣2分,扣完为止	10分
	整饰	地形图整饰应符合规范要求,缺、错一项扣2分,扣完为止	10分
		合计	100分

【测试说明及注意事项】

1.在控制点或图根点周围选择地物地貌特征点,测绘成果要求不少于1个建筑物和5个高程点,绘图比例尺为1∶500。

2.严格按操作规程作业,记录应规范整洁,计算、展点绘图应完整。

3.数据记录及结果均应填写在相应的测试报告中,记录表以外的数据不作为考核结果,展绘成果见图纸。测试完成,一并收回归档。

4.对中误差≤±3 mm,水准管气泡偏差≤1格。

5.主考人有权随时检查考生是否符合操作规程及技术要求,但应相应折减所影响的时间。

6.对于作弊行为,一经发现一律按零分处理,且不得参加补考。

7.测试时间自领取仪器开始,至递交测试报告与仪器终止。

8.测试过程中,安排两名辅助人员配合考生完成测试任务。

技能测试十四　全站仪测绘大比例尺数字地形图(选做)

【测试报告】

测试报告见表14-2。

表14-2　　　　　　全站仪测绘数字化地形图测试报告

考生姓名:_____　考评日期:_____　考评员:_____　成绩:_____

测试题目	全站仪测绘数字化地形图		
主要仪器及工具			
天气		仪器号码	

1∶500地形图(加纸)

【测试成绩评定表】

表14-3用于考评员给考生评定成绩,最后连同考生测试报告归档保存。

表14-3　　　　　　　　测试成绩评定表

考生姓名:_____　考评日期:_____　开始时间:_____　结束时间:_____

项目	测评内容	配分	扣分	得分	监考教师评分依据记录
测图精度	边长检查	10分			
	高程检查	10分			
	坐标检查	15分			
仪器操作	定向检查	5分			
	仪器搬站	5分			
	操作安全	5分			
地形图编绘	错误及违规	15分			
	完整性与正确性	15分			
	符号和注记	10分			
	整饰	10分			
总扣分及说明					
最后得分		考评员签字		主考人签字	

【其他变数与说明】

1. 其他变数

任务可以适度调整,测试同时也随之调整。

2. 技能的用途

全站仪测绘数字化地形图,是土木工程技术人员必须具备的基本技能。

技能测试十五
土方量的测量与计算

【测试核心技能】

土方量测量与计算。

【测试题目与内容】

以测量和计算填、挖土方量为工作任务,使学生具备地形图基本应用能力,掌握用方格网法测量土方量的操作及计算能力。

【测试时间】

90 分钟。

【测试条件】

1. 仪器、工具:水准仪或全站仪(含三脚架)、棱镜、水准尺、计算器、测伞、记录夹等。
2. 考核时在规定的场地测定面积、相对高程及方格网。

【测试要求及评分标准】

1. 在测试场地按所给定的条件和数据,测定面积、相对高程及方格网。
2. 确定各方格顶点的高程(用内插法)。
3. 计算设计高程。
(1)设计高程由设计单位定出,则无须计算;
(2)填、挖方量基本平衡时的设计高程。
4. 计算填、挖高度。
5. 计算填、挖方量。
6. 严格按操作规程作业。

7.记录和计算应完整、整洁、无错误;数据记录、计算以及必要的放样略图均应按要求填写在相应的测试报告中,记录表以外的数据不作为考核结果。

8.测试评分标准见表15-1。

表 15-1　　　　　　　　　　测试评分标准(百分制)

测试内容	评分标准	配分
工作态度	仪器、工具轻拿轻放,动作规范,有团队协作意识等	10
仪器操作过程	操作熟练、规范,方法步骤正确、不缺项	25
土方量计算	方法正确、规范	30
地面标志点位	清晰、规范	10
精度	精度符合要求	15
综合印象	动作规范、熟练、文明作业	10
合计		100

【测试说明及注意事项】

1.测试准备工作:自备计算用纸、铅笔、小刀、钢笔或圆珠笔、计算器等,抽题。
2.提供"土方量测量与计算技能测试报告"给考生,测试结束后考生将该测试报告上交。
3.测试过程中,安排两名辅助人员配合考生完成测试任务。
4.测试过程中,任何人不得提示,考生应独立完成全部工作。
5.主考人有权随时检查考生是否符合操作规程及技术要求,但应相应折减所影响的时间。
6.对于作弊行为,一经发现一律按零分处理,且不得参加补考。
7.测试时间自领取仪器开始,至递交测试报告与仪器终止。

【测试报告】

测试报告见表15-2。

表 15-2　　　　　　　　土方量测量与计算技能测试报告

考生姓名:_____　　考评日期:_____　　考评员:_____　　成绩:_____

测试题目	土方量测量与计算		
主要仪器及工具			
天气		仪器号码	

测设过程相关记录:
(1)按所给定场地的条件和数据,先测定面积、相对高程及方格网
(2)确定各方格顶点的高程(用内插法)
(3)计算设计高程
(4)计算填、挖高度
(5)计算填、挖方量
(6)检查计算填、挖方量与参考答案相差_____ m³
(7)画出测定面积、相对高程及方格网的略图

【测试成绩评定表】

表15-3用于考评员给考生评定成绩,最后连同考生测试报告归档保存。

表15-3　　　　　　　　　测试成绩评定表(百分制)

考生姓名:_____　　考评日期:_____　　开始时间:_____　　结束时间:_____

项目	考核内容	配分	扣分	得分	监考教师评分依据记录
工作态度	仪器、工具轻拿轻放,动作规范,有团队协作意识等	10			
仪器操作过程	操作熟练、规范,方法步骤正确、不缺项	25			
土方量计算	方法正确、规范	30			
地面标志点位	清晰、规范	10			
精度	精度符合要求	15			
综合印象	动作规范、熟练,文明作业	10			
总扣分及说明					
最后得分		考评员签字		主考人签字	

【其他变数与说明】

1. 其他变数

可以采用等高线法、剖面法计算土方量,以调整测试工作量。

2. 技能的用途

该技能常用于建筑工程、道路工程、市政工程等土木工程的土方量计算。

技能测试十六
设计高程的测设

【测试核心技能】

施工测量,利用水准仪进行设计高程的测设。

【测试题目与内容】

设计高程的测设。
1. 计算点的设计高程的放样数据。
2. 用水准仪测量方法实地标定所测设的点。

【测试时间】

30 分钟。

【测试条件】

1. 仪器、工具:水准仪(含三脚架)、水准尺、计算器、测伞、记录夹等。
2. 考核时在测试现场选定一已知的高程点 A,设 A 点高程 $H_A=140.359$ m。在测设区附近墙上指定 1 和 2 两个未知待测点(平面位置),试用水准仪测设 1、2 两点,使 $H_1=141.000$ m,$H_2=141.360$ m。

【测试要求及评分标准】

1. 按所给定的条件和数据,先计算放样元素,再根据放样元素进行测设。
2. 测设完毕后,要进行必要的校核。
3. 严格按操作规程作业,所标定点的高程与其设计高程之差≤±5 mm。
4. 记录和计算应完整、整洁、无错误,数据记录、计算以及必要的放样略图均应按要求填写在相应的测试报告中,记录表以外的数据不作为考核结果。

5.测试评分标准见表 16-1。

表 16-1　　　　　　　　　　　测试评分标准（百分制）

测试内容	评分标准	配分
工作态度	仪器、工具轻拿轻放，动作规范，有团队协作意识等	10
仪器操作	操作熟练、规范，方法步骤正确、不缺项	35
读数、记录	读数、记录正确、规范	15
地面标志点位	清晰、规范	10
精度	精度符合要求	20
综合印象	动作规范、熟练、文明作业	10
合计		100

【测试说明及注意事项】

1.测试准备工作：自备计算用纸、铅笔、小刀、钢笔或圆珠笔、计算器等，抽题。
2.提供"已知高程测设技能测试报告"给考生，测试结束后考生将该测试报告上交。
3.测试过程中，安排两名辅助人员配合考生完成测试任务。
4.测试过程中，任何人不得提示，考生应独立完成全部工作。
5.主考人有权随时检查考生是否符合操作规程及技术要求，但应相应折减所影响的时间。
6.对于作弊行为，一经发现一律按零分处理，且不得参加补考。
7.测试时间自领取仪器开始，至递交测试报告与仪器终止。

【测试报告】

测试报告见表 16-2。

表 16-2　　　　　　　　　　已知高程测设技能测试报告

考生姓名：_____　　考评日期：_____　　成绩：_____　　考评员：_____

测试题目	已知高程测设
主要仪器及工具	
天气	仪器号码

测设过程相关记录：
(1)由水准仪读得 $a=$_____ m，经计算得 $b_1=$_____ m，$b_2=$_____ m
(2)请在下面空白处，列出 b_1、b_2 的计算过程

(3)测设后经检查，点 1 和点 2 的高差 h_{12}_____ m，与已知值相差_____ m
(4)画出测设 1、2 点的略图

【测试成绩评定表】

表 16-3 用于考评员给考生评定成绩,最后连同考生测试报告归档保存。

表 16-3　　　　　　　　　　　测试成绩评定表(百分制)

考生姓名:_____　　考评日期:_____　　开始时间:_____　　结束时间:_____

项目	考核内容	配分	扣分	得分	监考教师评分依据记录
工作态度	仪器、工具轻拿轻放,动作规范,有团队协作意识等	10			
仪器操作	操作熟练、规范,方法步骤正确、不缺项	35			
读数、记录	读数、记录正确、规范	15			
地面标志点位	清晰、规范	10			
精度	精度符合要求	20			
综合印象	动作规范、熟练、文明作业	10			
总扣分及说明					
最后得分		考评员签字		主考人签字	

【其他变数与说明】

1. 其他变数

(1)仪器可以换成自动安平水准仪。此时,可要求补偿指标线不脱离小三角形,并根据补偿指标线脱离小三角形的情况,扣 1~5 分。

(2)可以通过设置已知点和待测设点之间的距离,调整测试工作量。

2. 技能的用途

该技能主要用于高程测设。

技能测试十七
已知水平距离的测设

【测试核心技能】

1. 钢尺的正确使用。
2. 直线定线的方法。
3. 用钢尺进行已知水平距离的测设。

【测试题目与内容】

已知水平距离的测设。

目估定线,同时用钢尺从起始点开始,沿着已知方向,进行已知水平距离的测设并标定在实地,同时进行必要的检核。

【测试时间】

30 分钟。

【测试条件】

1. 仪器与工具:30 m 钢尺、标杆、测钎、木桩、斧头、记录板、书包。
2. 在实训场地打一木桩钉上小钉表示已知点 A,作为直线的端点,木桩高出地面 2 cm。在 A 点的某一方向相距 150 m 左右插一标杆,作为已知方向。A 点和标杆之间的场地以稍有起伏为好,但应通视良好。

【测试要求及评分标准】

1. 严格按操作规程作业。
2. 记录和计算应完整、整洁、无错误。
3. 数据记录、计算结果及检核均应填写在相应的测试报告中,记录表以外的数据不作为考核结果。

4. 直线定线采用目估定线，精度要求：$K_容 = 1/3\,000$。
5. 测试评分标准见表17-1。

表17-1　　　　　　　　　　测试评分标准（百分制）

测试内容	评分标准	配分
工作态度	仪器、工具使用正确，有团队协作意识等	10
丈量操作过程	操作熟练、规范，方法步骤正确、不缺项	30
读数	读数正确、规范	10
记录	记录正确、规范	10
计算	计算快速、准确、规范、齐全	10
精度	精度符合要求	20
综合印象	动作规范、熟练、文明作业	10
合　计		100

【测试说明及注意事项】

1. 测试准备工作：自备计算用纸、铅笔、小刀、钢笔或圆珠笔、计算器等，抽题。
2. 提供"钢尺量距的一般方法技能测试报告"给考生，测试结束后考生将该测试报告上交。
3. 测试过程中，安排两名辅助人员配合考生完成测试任务。
4. 测试过程中，任何人不得提示，考生应独立完成全部工作。
5. 主考人有权随时检查考生是否符合操作规程及技术要求，但应相应折减所影响的时间。
6. 对于作弊行为，一经发现一律按零分处理，且不得参加补考。
7. 测试时间自领取测量仪器开始，至递交测试报告与仪器终止。

【测试报告】

测试报告见表17-2。

表17-2　　　　　　　钢尺量距的一般方法技能测试报告

考生姓名：_____　　考评日期：_____　　考评员：_____　　成绩：_____

测试题目	钢尺量距的一般方法						
主要仪器及工具							
天气				钢尺号码			
测量起止点	测量方向	整尺长/m	整尺数	余长/m	水平距离/m	往、返测较差/m	平均距离/m	精度
A—已知方向	测设				（设计值）			
A—B′	往测							
	返测							
A—B	往测							
	返测							
辅助计算备注	1. 改正数 $\Delta D =$ _____ mm，向 _____ 改正 2. D_{AB} — 设计值 = _____ mm 3. $K = \dfrac{D_{AB} - 设计值}{设计值} =$ _____，_____ 精度要求						

【测试成绩评定表】

表17-3用于考评员给考生评定成绩,最后连同测试报告归档保存。

表17-3　　　　　　　　　　测试成绩评定表(百分制)

考生姓名:＿＿＿＿　　考评日期:＿＿＿＿　　开始时间:＿＿＿＿　　结束时间:＿＿＿＿

项目	考核内容	配分	扣分	得分	监考教师评分依据记录
工作态度	仪器、工具使用正确,有团队协作意识等	10			
丈量操作过程	操作熟练、规范,方法步骤正确、不缺项	30			
读数	读数正确、规范	10			
记录	记录正确、规范	10			
计算	计算快速、准确、规范、齐全	10			
精度	标志点位清晰,精度符合要求	20			
综合印象	动作规范、熟练、文明作业	10			
总扣分及说明					
最后得分		考评员签字		主考人签字	

【其他变数与说明】

1. 其他变数

(1)一般采用边定线边丈量、整尺段加零尺段的方法,可视具体情况灵活掌握。

(2)根据测设区难易程度,可以适当调整精度要求,如将 $K_容=1/3\,000$ 调整为 $K_容=1/2\,000$ 或 $K_容=1/5\,000$。

(3)可改用光电测距仪进行测设。

2. 技能的用途

该方法为已知水平距离测设的基本方法。

技能测试十八
已知水平角的测设

【测试核心技能】

1. 经纬仪的正确使用。
2. 已知水平角的测设。

【测试题目与内容】

已知水平角的测设。从起始方向开始,根据设计给定的水平角角值,用 DJ_2 光学经纬仪进行测设,在实地标定所测设的方向,并进行必要的检核。

【测试时间】

30 分钟。

【测试条件】

1. 仪器、工具:DJ_2 光学经纬仪或全站仪(含三脚架)、测钎、测伞、记录夹等。
2. 如图 18-1,在测设区地面上任意标定两个点 A、O,分别打入木桩,桩顶钉小钉表示点位。要求 A 点距离 O 点 100 m 左右,已知 $\angle AOB = 160°20'30''$,测设出 OB 方向,并在地面上标定 B 点。

图 18-1 已知水平角的测设

【测试要求及评分标准】

1. 严格按观测程序作业,用盘左、盘右各测设一个点位,当两点距离不大时(一般在离测站点 100 m 时,不大于 1 cm),取两者的平均位置作为结果。
2. 要求对中误差≤±3 mm,整平误差≤1 格,实地标定的点位清晰,所测设的水平角和所设计的水平角之差≤±50″(标定点离测站点20 m时,横向误差≤±5 mm)。

3. 记录和计算应完整、整洁、无错误;数据记录、计算均应按要求填写在相应的测试报告中,记录表以外的数据不作为考核结果。

4. 测试评分标准见表18-1。

表 18-1　　　　　　　　　　　测试评分标准(百分制)

测试内容	评分标准	配分
工作态度	仪器、工具轻拿轻放,搬仪器动作规范,装箱正确	10
仪器操作	操作熟练、规范,方法步骤正确、不缺项	35
读数、记录	读数、记录正确、规范	10
地面标志点位	清晰、规范	10
精度	精度符合要求	25
综合印象	动作规范、熟练,文明作业	10
合计		100

【测试说明及注意事项】

1. 测试准备工作:自备计算用纸、笔(钢笔或圆珠笔)、计算器等,抽题。
2. 提供"已知水平角测设技能测试报告"给考生,测试结束后考生将该测试报告上交。
3. 测试过程中,安排两名辅助人员配合考生完成测试任务。
4. 测试过程中,任何人不得提示,考生应独立完成全部工作。
5. 主考人有权随时检查考生是否符合操作规程及技术要求,但应相应折减所影响的时间。
6. 对于作弊行为,一经发现一律按零分处理,且不得参加补考。
7. 测试时间自领取仪器开始,至递交测试报告与仪器终止。

【测试报告】

测试报告见表18-2。

表 18-2　　　　　　　　　　　已知水平角测设技能测试报告

考生姓名:_____　　考评日期:_____　　考评员:_____　　成绩:_____

测试题目	已知水平角的测设
主要仪器及工具	
天气	仪器号码

测设过程相关记录

（续表）

测站点	测回数	竖盘位置	目标	水平度盘读数/(° ′ ″)	半测回角值/(° ′ ″)	一测回角值/(° ′ ″)	备注

结果：测设的水平角与所设计的水平角之差为_____，精度_____要求。

【测试成绩评定表】

表18-3用于考评员给考生评定成绩，最后连同考生测试报告归档保存。

表 18-3　　　　　　　　　测试成绩评定表（百分制）

考生姓名：_____　考评日期：_____　开始时间：_____　结束时间：_____

项目	考核内容	配分	扣分	得分	监考教师评分依据记录
工作态度	仪器、工具轻拿轻放，搬仪器动作规范，装箱正确	10			
仪器操作	操作熟练、规范，方法步骤正确、不缺项	35			
读数、记录	读数、记录正确、规范	10			
地面标志点位	清晰、规范	10			
精度	精度符合要求	25			
综合印象	动作规范、熟练，文明作业	10			
总扣分及说明					
最后得分		考评员签字		主考人签字	

【其他变数与说明】

1. 其他变数

（1）可以用钢尺进行已知水平角的测设（简易方法）；当精度要求高时，可以用精密方法测试。

（2）可以换成电子经纬仪进行测试。

2. 技能的用途

本项技能是水平角（方向）测设的主要方法。

技能测试十九
全站仪坐标测量和放样

【测试核心技能】

1. 根据测站点的三维坐标及测站点至后视点的坐标方位角,测量空间一点的三维坐标。
2. 根据给定的测站点、后视点、放样点坐标,将放样点的位置实地标定出来。
3. 对中误差≤±3 mm,水准管气泡偏差≤1 格。

【测试题目与内容】

用全站仪测量空间一点的三维坐标,标定放样点的位置。

【测试时间】

30 分钟。

【测试条件】

1. 仪器、工具:全站仪(含三脚架)、棱镜、计算器、尺垫、测伞、记录夹等。
2. 在测试现场选定一已知的点 BM_A,其坐标为(150.000,200.000),高程为 300.000 m。指定定向角和两个未知待测点,分别打入木桩表示Ⅰ、Ⅱ两点,桩顶钉圆帽钉。Ⅰ点距离 BM_A 点 100~200 m,Ⅱ点距离Ⅰ点 150~200 m,Ⅱ点距离 BM_A 点 100~150 m。

【测试要求及评分标准】

1. 应严格按全站仪的观测程序作业。
2. 记录和计算应完整、清洁,字体工整、无错误。
3. 测试评分标准见表 19-1。

技能测试十九　全站仪坐标测量和放样

表 19-1　　　　　　　　　　测试评分标准(百分制)

测试内容	评分标准	配分
工作态度	仪器、工具轻拿轻放,搬仪器动作规范,装箱正确	10
仪器操作	操作熟练、规范,方法步骤正确、不缺项	20
读数	读数正确、规范	10
记录	记录正确、规范	10
计算	计算快速、准确、规范,计算检核齐全	20
精度	精度符合要求	20
综合印象	动作规范、熟练,文明作业	10
合　计		100

【测试说明及注意事项】

1. 考核过程中,任何人不得提示,独立完成仪器操作、记录、计算及检核工作。

2. 主考人有权随时检查考生是否符合操作规程及技术要求,但应相应折减所影响的时间。

3. 对于作弊行为,一经发现一律按零分处理,且不得参加补考。

4. 考核前、考生应准备好钢笔或圆珠笔、计算器,考核者应提前找好扶尺人。

5. 考核时间自架立仪器开始,至递交记录表并拆卸仪器放进仪器箱终止。

6. 考核仪器为全站仪。

7. 数据记录、计算及检核均应填写在相应记录表中,且记录表不可用橡皮修改,记录表以外的数据不作为考核结果。

8. 主考人应在考核结束前检查并填写仪器对中误差及水准管气泡偏差情况,在考核结束后填写考核所用时间并签名。

9. 考核时,现场任意标定三点 M、N、P,在 M 点设站,后视 N 点,测出 P 点的三维坐标。已知 $M(1\,345.456, 5\,623.411, 12.585)$,$MN$ 的坐标方位角 $\alpha_{MN}=156°57'25''$,测量时要输入已知量及仪器高和棱镜高。

【测试报告】

测试报告见表 19-2。

表 19-2　　　　　　　　　　全站仪技能测试报告

考生姓名：_____　　考评日期：_____　　考评员：_____　　成绩：_____

测试题目	控制测量		
主要仪器及工具			
天气		仪器号码	

测站点点号：_____（$x=$_____，$y=$_____）

定向点点号：_____（$x=$_____，$y=$_____）

点号	x	y

全站仪坐标放样观测手簿见表 19-3。

表 19-3　　　　　　　　全站仪坐标放样观测手簿

仪器：_____　天气：_____　观测时间：_____　观测员：_____　成绩：_____

点号	x	y	测设误差	
			$x_{测}-x_{理}$	$y_{测}-y_{理}$
测站点				
后视点				
测点 A				
测点				

说明：全站仪坐标测量与放样成绩各占 50%。

【测试成绩评定表】

表 19-4 用于考评员给考生评定成绩，最后连同测试报告归档保存。

表 19-4　　　　　　　　　　测试成绩评定表(百分制)

考生姓名：_____　　考评日期：_____　　开始时间：_____　　结束时间：_____

项目	考核内容	配分	扣分	得分	监考教师评分依据记录
工作态度	仪器、工具轻拿轻放，搬仪器动作规范，装箱正确	10			
仪器操作	操作熟练、规范，方法步骤正确、不缺项	20			
读数	读数正确、规范	10			
记录	记录正确、规范	10			
计算	计算快速、准确、规范，计算检核齐全	20			
精度	精度符合要求	20			
综合印象	动作规范、熟练，文明作业	10			
总扣分及说明					
最后得分		考评员签字		主考人签字	

【其他变数与说明】

1. 其他变数

(1)任务可以变换成附合导线。

(2)外业完成，即计算坐标。

2. 技能的用途

该技能用于施工和测图控制点的测量。

技能测试二十 建筑物点的平面位置的测设

【测试核心技能】

点位的测设方法(采用极坐标法)。用经纬仪、钢卷尺,以一个具体的建筑物的定位与放线为工作任务,使学生掌握利用原建筑物、建筑基线或建筑方格网、建筑红线、测量控制点的四种常用的定位方法,具有建筑物定位方案设计、数据计算、测量实施与精度检核方面的能力。

【测试题目与内容】

用极坐标法测设点的平面位置(图 20-1)。

1. 计算平面点的测设数据。
2. 点位测设方法:极坐标法。使用经纬仪或全站仪,用极坐标法测设点的平面位置,并实地标定所测设的点。

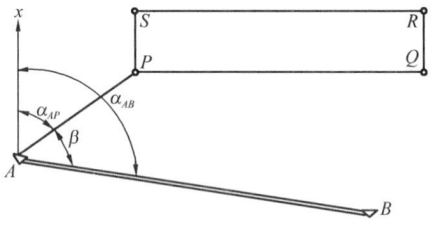

图 20-1 用极坐标法测设点的平面位置

【测试时间】

60 分钟。

【测试条件】

1. 仪器、工具:经纬仪或全站仪(含三脚架)、棱镜、水准尺、计算器、测伞、记录夹等。
2. 考核时在测试现场选定:A、B 为已知平面控制点,A 点坐标为 (x_A, y_A)、B 点坐标为 (x_B, y_B),P 点为建筑物的一个角点,其坐标为 (x_P, y_P)。现根据 A、B 两点,用极坐标法测设 P 点和其他点。

【测试要求及评分标准】

1.按给定的条件和数据,先计算放样元素,再根据计算出的放样元素进行测设。
2.测设完毕后,进行必要的校核;检查建筑物四角是否等于90°,各边长是否等于设计长度,其误差均应在限差以内。
3.严格按操作规程作业。
4.记录和计算应完整、整洁、无错误;数据记录、计算以及必要的放样略图均应按要求填写在相应的测试报告中,记录表以外的数据不作为考核结果。
5.评分标准见表20-1。

表20-1　　　　　　　　　　测试评分标准(百分制)

测试内容	评分标准	配分
工作态度	仪器、工具轻拿轻放,动作规范,有团队协作意识等	10
仪器操作	操作熟练、规范,方法步骤正确、不缺项	30
测设数据计算	正确、规范	20
地面标志点位	清晰、规范	10
精度	精度符合要求	20
综合印象	动作规范、熟练,文明作业	10
合计		100

【测试说明及注意事项】

1.测试准备工作:自备计算用纸、铅笔、小刀、钢笔或圆珠笔、计算器等,抽题。
2.提供"点的平面位置测设技能测试报告"给考生,测试结束后考生将该测试报告上交。
3.测试过程中,安排两名辅助人员配合考生完成测试任务。
4.测试过程中,任何人不得提示,考生应独立完成全部工作。
5.主考人有权随时检查考生是否符合操作规程及技术要求,但应相应折减所影响的时间。
6.对于作弊行为,一经发现一律按零分处理,且不得参加补考。
7.测试时间自领取仪器开始,至递交测试报告与仪器终止。

【测试报告】

测试报告见表20-2。

表 20-2　　　　　　　　　　点的平面位置测设技能测试报告

考生姓名：_____　　考评日期：_____　　考评员：_____　　成绩：_____

测试题目	点的平面位置测设	
主要仪器及工具		
天气	仪器号码	

测设过程相关记录：

(1)计算坐标方位角 $α_{AB}$ 和 $α_{AP}$。请在下面空白处,列出计算过程

(2)点位测设方法与过程

(3)测设后检查建筑物四角是否等于90°,相差_____；各边长是否等于设计长度,其误差为_____m

(4)画出测设点位的略图

【测试成绩评定表】

表20-3用于考评员给考生评定成绩,最后连同考生测试报告归档保存。

表 20-3　　　　　　　　　　测试成绩评定表

考生姓名：_____　考评日期：_____　开始时间：_____　结束时间：_____

项目	考核内容	配分	扣分	得分	监考教师评分依据记录
工作态度	仪器、工具轻拿轻放,动作规范,有团队协作意识等	10			
仪器操作	操作熟练、规范,方法步骤正确、不缺项	30			
测设数据计算	正确、规范	20			
地面标志点位	清晰、规范	10			
精度	精度符合要求	20			
综合印象	动作规范、熟练,文明作业	10			
总扣分及说明					
最后得分		考评员签字		主考人签字	

【其他变数与说明】

1. 其他变数

可以采用直角坐标法、角度交会法和距离交会法测设平面点位,调整测试工作量的大小。

2. 技能的用途

该技能常用于建筑工程平面点位测设。

技能测试二十一
建筑物定位与放线

【测试核心技能】

建筑物的定位、放线能力。
1. 设置轴线控制桩。
2. 设置龙门板。

【测试题目与内容】

建筑物定位方案设计、数据计算、测量实施与精度检核。
1. 设置轴线控制桩。
2. 设置龙门板。

【测试时间】

60分钟。

【测试条件】

1. 仪器、工具：经纬仪或全站仪（含三脚架）、棱镜、水准尺、计算器、测伞、记录夹等。
2. 建筑物的放线是指根据已定位的外墙轴线交点桩（角桩），详细测设建筑物各轴线的交点桩（中心桩），然后根据交点桩用白灰撒出基槽开挖边界线。放线方法详见技能实训二十一。

【测试要求及评分标准】

1. 按所给定的条件和数据，先计算放样元素，然后根据放样元素进行测设。
2. 测设完毕后，进行必要的校核。
3. 严格按照操作规程作业。

4. 记录和计算应完整、整洁、无错误；数据记录、计算以及必要的放样略图均应按要求填写在相应的测试报告中，记录表以外的数据不作为考核结果。

5. 测试评分标准见表21-1。

表21-1　　　　　　　　　　　测试评分标准（百分制）

测试内容	评分标准	配分
工作态度	仪器、工具轻拿轻放，动作规范，有团队协作意识等	10
仪器操作	操作熟练、规范，方法步骤正确、不缺项	30
测设数据计算	读数、记录正确、规范	20
地面标志点位	清晰、规范	10
精度	精度符合要求	20
综合印象	动作规范、熟练，文明作业	10
合计		100

【测试说明及注意事项】

1. 测试准备工作：自备计算用纸、铅笔、小刀、钢笔或圆珠笔、计算器等，抽题。
2. 提供"建筑物的放线技能测试报告"给考生，测试结束后考生将该测试报告上交。
3. 测试过程中，安排两名辅助人员配合考生完成测试任务。
4. 测试过程中，任何人不得提示，考生应独立完成全部工作。
5. 主考人有权随时检查考生是否符合操作规程及技术要求，但应相应折减所影响的时间。
6. 对于作弊行为，一经发现一律按零分处理，且不得参加补考。
7. 测试时间自领取仪器开始，至递交测试报告与仪器终止。

【测试报告】

测试报告见表21-2。

表21-2　　　　　　　　　　建筑物的放线技能测试报告

考生姓名：＿＿＿＿　　考评日期：＿＿＿＿　　考评员：＿＿＿＿　　成绩：＿＿＿＿

测试题目	建筑物的放线
主要仪器及工具	
天气	仪器号码

测设过程相关记录：

(1) 计算放样数据

(2) 测设方法与过程

(3) 测设后检查建筑物四角是否等于90°，相差＿＿＿＿；各边长是否等于设计长度，其误差为＿＿＿＿m

(4) 画出测设点位的放样略图

【测试成绩评定表】

表 21-3 用于考评员给考生评定成绩,最后连同考生测试报告归档保存。

表 21-3　　　　　　　　　测试成绩评定表(百分制)

考生姓名:_____　　考评日期:_____　　开始时间:_____　　结束时间:_____

项目	考核内容	配分	扣分	得分	监考教师评分依据记录
工作态度	仪器、工具轻拿轻放,动作规范、有团队协作意识等	10			
仪器操作	操作熟练、规范,方法步骤正确、不缺项	30			
测设数据计算	读数、记录正确、规范	20			
地面标志点位	清晰、规范	10			
精度	精度符合要求	20			
综合印象	动作规范、熟练,文明作业	10			
总扣分及说明					
最后得分		考评员签字		主考人签字	

【其他变数与说明】

1. 其他变数

可以调整测试工作量的大小,同时调整测试用时。

2. 技能的用途

建筑物定位与放线常用于建筑工程。

技能测试二十二

圆曲线主点测设

【测试核心技能】

路线交点转角的测设、圆曲线主点测设要素计算与测设、圆曲线主点里程桩的设置。

【测试题目与内容】

圆曲线主点测设。

1. 根据给定的圆曲线的偏角、半径,计算各测设元素(切线长 T、曲线长 L、外距 E、切曲差 D)。

2. 用经纬仪和钢尺或全站仪,在交点 JD 处进行 ZY、YZ、QZ 三个主点的测设。

3. 完成该工作任务的计算和放样全过程,并在实地标定所测设的点位,同时完成检核工作。

【测试时间】

90 分钟。

【测试条件】

1. 仪器、工具:DJ_6 光学经纬仪或全站仪(含三脚架)、标杆、测钎、木桩、记录夹、斧头等。

2. 样题:考核时,在现场任意标定一点为 JD,已知圆曲线的偏角 $\alpha=34°12'$,半径 $R=150$ m,试测设 ZY、YZ、QZ 三点。

样题答案:计算得 $T=R\tan\dfrac{\alpha}{2}=46.15$ m,$L=R\alpha\dfrac{\pi}{180°}=89.54$ m,$E=R(\sec\dfrac{\alpha}{2}-1)=6.94$ m,$D=2T-L=2.76$ m。在 JD 点上进行点 ZY、YZ、QZ 的标定。

技能测试二十二　单圆曲线主点测设

【测试要求及评分标准】

1. 应严格按观测程序作业；经纬仪对中误差≤±3 mm，水准管气泡偏差≤1 格。
2. 记录应规范整洁，计算应完整准确，用"不能编程的科学计算器"进行计算。
3. 数据记录、计算及校核均应填写在相应的测试报告中，记录数据不可用橡皮修改，记录表以外的数据不作为考核结果。
4. 测试评分标准见表 22-1。

表 22-1　　　　　　　　　　　测试评分标准（百分制）

测试内容	评分标准	配分
工作态度	仪器、工具轻拿轻放，装箱正确	10
放样元素及里程计算	计算快速、正确、不缺项	25
根据放样元素进行测设	方法正确，步骤合理	35
计算校核和测设校核	计算快速、准确、规范，计算检核齐全	10
精度	精度符合要求	10
综合印象	动作规范、熟练，文明作业	10
合计		100

【测试说明及注意事项】

1. 测试准备工作：自备计算用纸、笔（钢笔或圆珠笔）、计算器等，抽题。
2. 提供"圆曲线主点测设技能测试报告"给考生，测试结束后考生将该测试报告上交。
3. 测试过程中，安排两名辅助人员配合考生完成测试任务。
4. 测试过程中，任何人不得提示，考生应独立完成全部工作。
5. 主考人有权随时检查考生是否符合操作规程及技术要求，但应相应折减所影响的时间。
6. 对于作弊行为，一经发现一律按零分处理，且不得参加补考。
7. 测试时间自领取仪器开始，至递交测试报告与仪器终止。

【测试报告】

测试报告见表 22-2。

表 22-2　　　　　　　　　　圆曲线主点测设技能测试报告

考生姓名：_____　　考评日期：_____　　考评员：_____　　成绩：_____

实训项目	圆曲线主点测设
实训目的	
主要仪器及工具	

交点号				交点桩号		

转角观测结果	盘位	目标	水平度盘读数	半测回角值	右角	转角

曲线元素	半径=	切线长=	外矢距=
	转角=	曲线长=	

主点桩号	ZY 桩号：	QZ 桩号：	YZ 桩号：

主点测设方法	测设草图	测设方法

实训总结

【测试成绩评定表】

表 22-3 用于考评员给考生评定成绩,最后连同测试报告归档保存。

表 22-3　　　　　　　　　　测试评分标准（百分制）

考生姓名：_____　考评日期：_____　开始时间：_____　结束时间：_____

项目	考核内容	配分	扣分	得分	监考教师评分依据记录
工作态度	仪器、工具轻拿轻放,装箱正确	10			
放样元素及里程计算	计算快速、正确、不缺项	25			
根据放样元素进行测设	方法正确、步骤合理	35			
计算校核和测设校核	计算快速、准确、规范,计算检核齐全	10			
精度	精度符合要求	10			
综合印象	动作规范、熟练,文明作业	10			
总扣分及说明					
最后得分		考评员签字		主考人签字	

【其他变数与说明】

1. 其他变数

根据所提供的数据,在现场测设圆曲线主点位置。

2. 技能的用途

道路圆曲线主点测设。

技能测试二十三
单圆曲线偏角法详细测设

【测试核心技能】

会用经纬仪结合钢尺或全站仪,完成单圆曲线的计算与测设,并在实地标定所测设点位。

【测试题目与内容】

1. 本次测试是在圆曲线主点测设的基础上进行的。
2. 按照所给实例首先进行计算(在测试前抽题完成)。
3. 设置圆曲线主点。
4. 用偏角法详细测设单圆曲线。
5. 校核。

【测试时间】

90 分钟。

【测试条件】

1. 仪器、工具:DJ_6 光学经纬仪或全站仪(含三脚架)、标杆、测钎、木桩、记录夹、斧头等。
2. 本次测试是在圆曲线主点测设的基础上进行的,故应熟悉圆曲线主点测设的方法,如图 23-1 所示。

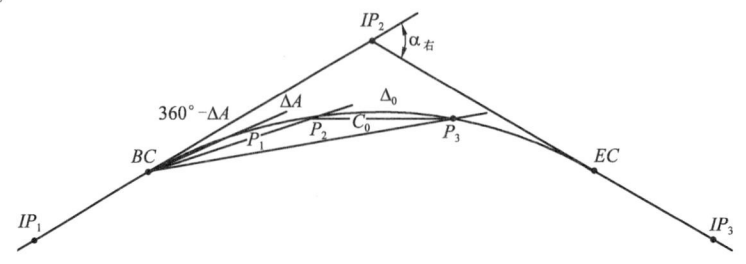

图 23-1 偏角法测设圆曲线

【测试要求及评分标准】

1. 应严格按观测程序作业；经纬仪对中误差≤±2 mm，水准管气泡偏差≤1格。
2. 用"不能编程的科学计算器"进行计算。
3. 记录和计算应完整、清洁，字迹工整、无错误。
4. 实地标定的点位清晰。
5. 测试评分标准见表 23-1。

表 23-1　　　　　　　　　测试评分标准（百分制）

测试内容	评分标准	配分
工作态度	仪器、工具轻拿轻放，装箱正确	10
放样元素及里程计算	计算快速、正确、不缺项	25
根据放样元素进行测设	方法正确，步骤合理	35
计算和测设检核	计算快速、准确、规范，计算检核齐全	10
精度	精度符合要求	10
综合印象	动作规范、熟练，文明作业	10
总分		100

【测试说明及注意事项】

1. 考核过程中，任何人不得提示，各人应独立完成仪器操作、记录、计算及校核工作。
2. 主考人有权随时检查考生是否符合操作规程及技术要求，但应相应折减所影响的时间。
3. 对于作弊行为，一经发现一律按零分处理，且不得参加补考。
4. 考核前考生应准备好钢笔或圆珠笔、计算器，考核者应提前找好扶尺人。
5. 考核时间自架立仪器开始，至递交记录表并拆卸仪器放进仪器箱终止。
6. 考核仪器为 DJ_6 光学经纬仪或全站仪。
7. 数据记录、计算及校核均填写在相应记录表中，记录表不可用橡皮修改，记录表以外的数据不作为考核结果。
8. 主考人应在考核结束前检查并填写仪器对中误差及水准管气泡偏差情况，在考核结束后填写考核所用时间并签名。

【测试报告】

测试报告见表 23-2。

表 23-2 单圆曲线切线支距法详细测设技能测试报告

考生姓名：_____ 考评日期：_____ 考评员：_____ 成绩：_____

测试题目	单圆曲线切线支距法详细测设			
主要仪器及工具				
天气		仪器号码		
桩号	各桩至 ZY 或 YZ 的曲线长度 l_i/m	圆心角 φ_i/(° ′ ″)	x_i/m	y_i/m

【测试成绩评定表】

表 23-3 用于考评员给考生评定成绩，最后连同测试报告归档保存。

表 23-3 测试评分标准（百分制）

考生姓名：_____ 考评日期：_____ 开始时间：_____ 结束时间：_____

项目	考核内容	配分	扣分	得分	监考教师评分依据记录
工作态度	仪器、工具轻拿轻放，装箱正确	10			
放样元素及里程计算	快速、正确、不缺项	25			
根据放样元素进行测设	方法正确、步骤合理	35			
计算和测设检核	计算快速准确、规范，计算检核齐全	10			
精度	精度符合要求	10			
综合印象	动作规范、熟练，文明作业	10			
总扣分及说明					
最后得分		考评员签字		主考人签字	

【其他变数与说明】

根据提供的数据在现场计算并详细测设。

技能测试二十四
路线纵、横断面测量

【测试核心技能】

能用经纬仪或全站仪,完成路线纵、横断面计算与测设。本测试侧重横断面的测量。

【测试题目与内容】

路线横断面测量方法,每组测定一个成果。

【测试时间】

90 分钟。

【测试条件】

经纬仪或全站仪(含三脚架)、棱镜、水准尺、测钎、标杆、测伞、卷尺等。

1. 选定线路、量距打桩

(1)在有坡度变化的地区选定线路位置。

(2)在选定线路上用标杆定线,用卷尺量距,每 10 m 打一桩,按规定的编号方法编号,并在坡度变化处打加桩。

2. 基平测量

(1)在线路适当位置选定水准点,本测试规定在测试线路起点和终点附近各选一点。

(2)用往、返测法,测定两水准点的高差,精度要求 $\leqslant \pm 8\sqrt{n}$ mm(n 为测站点数)。

(3)始点的高程可以假设,要注意避免其他点高程出现负值。

3. 中平测量

(1)在第一个水准点上立水准尺,并在线路前进方向的适当位置选择一个转点,在转点放尺垫,在尺垫上立水准点。

(2)在两水准尺之间,安置水准仪。

(3)读取两水准尺上的数值,分别记在后视、前视栏内。

(4)将后视尺依次立在 K0+000、+010…各桩上,读数记在中间视栏内。

(5)仪器移至下一站,原前视尺变为后视尺,后视尺变为前视尺,立在下一个适当位置的转点上,按上述方法继续向前观测,直至闭合到下一水准点上。

(6)当场计算两水准点间的高差,与基平测量结果进行比较,其差值 $\leq \pm 12\sqrt{n}$ mm。

4. 横断面测量

(1)横断面测量是测定中桩两侧正交于中线方向地面变坡点间的距离和高差,并绘制成横断面图,供路基、边坡、特殊构造物的设计、土石方计算和施工样之用。

(2)横断面测量的宽度应根据中桩填、挖高度,边坡大小以及有关工程的特殊要求而定。一般自中线两侧各测 10~50 m。横断面测绘的密度,除各桩应施测外,大、中桥头、隧道口挡土墙等重点工程地段,可根据需要增大密度,横断面测量的限差一般为:高差容许误差 $\Delta h = (0.1 + h/20)$ m。式中:h 为测点至中间桩的高差;水平距离的相对误差为 1/50 m。

【测试要求及评分标准】

1. 严格按操作规程作业。

2. 记录和计算应完整、整洁、无错误。

3. 数据记录、计算、检核等均应填写在相应的测试报告中,记录表以外的数据不作为考核结果。

4. 等外水准测量的精度要求:高差闭合差的容许值 $f_{h容} = \pm 40\sqrt{L}$ mm 或 $f_{h容} = \pm 12\sqrt{n}$ mm。

5. 测试评分标准见表 24-1。

表 24-1 测试评分标准(百分制)

测试内容	评分标准	配分
工作态度	仪器、工具轻拿轻放,搬仪器动作规范,装箱正确	10
测设方案	横断面测设方案正确,程序恰当	10
仪器操作	操作熟练、规范,方法步骤正确、不缺项	10
读数	读数正确、规范	10
记录	记录正确、规范	10
计算	计算快速、准确、规范,计算检核齐全	20
精度	精度符合要求	20
综合印象	动作规范、熟练,文明作业	10
合计		100

【测试说明及注意事项】

基平测量、中平测量和横断面测量,均应满足精度要求,否则应重测,直至满足要求。提交结果见表24-2和表24-3。

表24-2　　　　　　　　　　　　路线中平测量记录表

测点	水准尺读数/m 后视	水准尺读数/m 中视	水准尺读数/m 前视	视线高程/m	高程/m	备注
BM_1	2.292			24.710	22.418	
K0+000		1.62			23.09	
+050		1.93			22.78	
+080		1.02			23.69	
+100		0.64			24.07	
+120		0.93			23.78	
+140		0.18			24.53	
TP_1	2.201		1.105	25.806	23.605	
+160		0.47			5.34	基平 BM_2 高程 31.646 m
+180		0.74			25.07	
+200		1.33			24.48	
+222		1.02			24.79	
+240		0.93			24.88	
+260		1.43			24.38	
+300		1.67			24.14	
TP_2	2.743		1.266	27.283	24.540	
…	…	…	…	…	…	
K1+260						
BM_2			0.632		31.627	

检核:$f_{h容} = \pm 50\sqrt{1.26} = \pm 56$ mm

$f_h = 31.627 - 31.646 = -0.019$ m $= -19$ mm

$H_{BM_2} - H_{BM_1} = 31.627 - 22.418 = 9.209$ m

$\sum a - \sum b = (2.292 + 2.201 + 2.743 + \cdots) - (1.105 + 1.266 + \cdots + 0.632) = 9.209$ m

表24-3　　　　　　　　　　　　用水准仪测横断面记录表

前视读数/m (左侧) 距离/m	后视读数/m 桩号	前视读数/m (右侧) 距离/m
$\frac{1.52}{6.60}$　$\frac{2.48}{20.00}$　$\frac{1.17}{11.80}$	$\frac{1.68}{K0+200}$	$\frac{0.57}{11.80}$　$\frac{0.22}{20.00}$

【测试报告】

测试报告见表24-4。

表 24-4　　　　　　　　　　路线横断面计算与测设技能测试报告

考生姓名：_____　　考评日期：_____　　考评员：_____　　成绩：_____

测试题目	路线横断面计算与测设				
主要仪器及工具					
天气			仪器号码		
测点	水准尺读数/m			视线高程/m	高程/m	备注
	后视	中视	前视			
...	...	...	...	...	...	...

检核：

【测试成绩评定表】

表 24-5 用于考评员给考生评定成绩，最后连同测试报告归档保存。

表 24-5　　　　　　　　　　测试评分标准（百分制）

考生姓名：_____　　考评日期：_____　　开始时间：_____　　结束时间：_____

项目	考核内容	配分	扣分	得分	监考教师评分依据记录
工作态度	仪器、工具轻拿轻放，搬仪器动作规范，装箱正确	10			
测设方案	横断面测设方案正确，程序恰当	10			
仪器操作	操作熟练、规范，方法步骤正确、不缺项	10			
记录	记录正确、规范	10			
读数	读数正确、规范	10			
计算	计算快速、准确、规范，计算检核齐全	20			
精度	精度符合要求	20			
综合印象	动作规范、熟练、文明作业	10			
总扣分及说明					
最后得分		考评员签字		主考人签字	

【其他变数与说明】

1. 其他变数

根据提供的数据,在现场计算并详细测设。

2. 技能的用途

路线横断面测量。

参 考 文 献

1. 张正禄.工程测量学[M].2版.武汉:武汉大学出版社,2020
2. 建筑工程测量[M].2版.北京:中国建筑工业出版社,2017
3. 臧立娟,王凤艳.测量学[M].武汉:武汉大学出版社,2018
4 梁彦兰.测量学[M].北京:机械工业出版社,2017
5. 王天佐.建筑工程测量[M].北京:清华大学出版社,2020
6. 郭玉社.房地产测绘[M].3版.北京:机械工业出版社,2018
7. 邓学.复杂建筑施工放线[M].3版.北京:中国建筑工业出版社,2007
8. 王侬等.现代普通测量学[M].2版.北京:清华大学出版社,2009

附 录

测量常用的计量单位

在测量中,常见的有长度、面积和角度三种计量单位。

1. 长度单位

国际通用长度单位为 m(米),我国规定采用米制。

1 m(米)＝100 cm(厘米)＝1000 mm(毫米)   1000 m(米)＝1 km(千米)

2. 面积单位

面积单位为 m^2(平方米),大面积用 km^2(平方千米)。

3. 角度单位

测量上常用到的角度单位有三种:60 进位制的度、100 进位制的新度和弧度。

(1) 60 进位制的度

1 圆周角＝360°(度)   1°(度)＝60′(分)   1′(分)＝60″(秒)

(2) 100 进位制的新度

1 圆周角＝400 g(新度)   1 g(新度)＝100 c(新分)   1 c(新分)＝100 cc(新秒)

(3) 弧度

角度按弧度计算等于弧长与半径之比。与半径相等的一段弧长所对的圆心角作为度量角度的单位,称为一弧度,用 ρ 表示。

按度分秒表示的弧度为:1 圆周角＝$2\pi\rho$(弧度)＝360°(度)

$\rho°＝360°/2\pi＝57.3°$(度)

$\rho'＝(180°/\pi)/\pi＝3\ 438'$(分)

$\rho''＝(180°/\pi)×60'×60''＝206\ 265''$(秒)

计算中数字的凑整规则

测量计算过程中,一般都存在数值取位的凑整问题。由数值取位的取舍而引起的误差称为凑整误差。为了尽量减弱凑整误差对测量成果的影响,避免凑整误差的累积,在计算中通常采用如下凑整规则:

若以保留数字的末位为单位,当其后被舍去的部分大于 0.5 时,末位进 1;当其后被舍去的部分小于 0.5 时,末位不变;当其后被舍去的部分等于 0.5 时,末位凑成偶数,即末位为奇数时进 1,为偶数或零时末位不变(五前单进双不进)。

例如:将下列数据取舍到小数后三位。

3.14159→3.142

3.51329→3.513

9.75050→9.750

4.51350→4.514

2.854500→2.854

1.258501→1.258

上述的凑整规则对被舍去的部分恰好等于五时凑成偶数的方法作了规定,其他情况按一般方法计算。